Norbert Vörding & Andreas Weber



# *Geschichte(n) der Seefahrt*

Band I – Entdecker und Piraten

Norbert Vörding & Andreas Weber

# Geschichte(n) der Seefahrt

## Band I – Entdecker und Piraten

Koehlers Verlagsgesellschaft mbH

## Dankeschön!

»Das erste Buch ist immer das schwerste!« Das ist nicht etwa ein altes chinesisches Sprichwort, sondern eine Behauptung der Autoren dieses vorliegenden Erstlingswerkes. Auf jeden Fall ist es eine höchst interessante Erfahrung, sein erstes Buch entstehen zu sehen. Zumal neben dem Schreiben an sich verschiedene Abläufe zu beachten und viele Menschen auf unterschiedlichste Weise an der Entstehung beteiligt oder davon betroffen sind. Diesen Menschen möchten wir an dieser Stelle unseren Dank aussprechen.

Zunächst danken wir der Geschäftsleitung sowie den Mitarbeiterinnen und Mitarbeitern des Koehler-Verlages in Hamburg dafür, dass sie uns von der Idee zu diesem Buchprojekt bis zu seiner Realisierung ermutigend, unterstützend, beratend und letztlich »machend« zur Seite standen. Ein spezieller Dank für seine Unterstützung bei unseren Recherchen geht an Herrn Dr. Griessmer und sein Team vom Internationalen Maritimen Museum Hamburg (IMMH), an den Künstler Ulrich Rölfing für die Aufnahmen von seinen sieben beeindruckenden Entdeckerbüsten im separaten Bildteil, an den Grafiker Lothar Siems für das Erstellen der Seefahrtskarten, an Sabine Schlender für ihre Ratschläge, an Frank Reiss, die »gute Seele« von Vörding & Weber, an unsere Korrekturleserin Gabi – und zu guter Letzt an unsere Ehefrauen Christiane und Elke sowie den Filius Jonas Weber, die uns nicht nur immer wieder motiviert, sondern auch mit viel Geduld, Verständnis und mit Ihrer Liebe zum »Werden« dieses Buches beigetragen haben.

Norbert Vörding, Andreas Weber



Ein Gesamtverzeichnis der lieferbaren Titel schicken wir Ihnen gerne zu.
Senden Sie bitte eine E-Mail mit Ihrer Adresse an:
vertrieb@koehler-books.de
Sie finden uns auch im Internet unter: www.koehler-books.de

Bibliografische Information der Deutschen Nationalbibliothek

Die Deutsche Nationalbibliothek verzeichnet diese Publikation in der Deutschen Nationalbibliografie; detaillierte bibliografische Daten sind im Internet über http://dnb.d-nb.de abrufbar.

ISBN 978-3-7822-1022-5



Layout und Produktion: Dörte Brockmann

Produktionsmanagement: impress media GmbH, Mönchengladbach

# Inhalt

# Einleitung

Drei Viertel der Erdoberfläche sind vom Wasser der Ozeane bedeckt, in die letztlich alle Ströme und Flüsse münden. So verwundert es nicht, dass sich in den ältesten Überlieferungen fast aller Kulturen bereits Hinweise auf die Nutzung natürlicher Wasserwege finden. Schon früh begaben sich besonders Wagemutige auch aufs Meer, um zu erkunden, zu erobern und Handel zu treiben. Nach Meinung von Experten wurden die ersten Versuche, Gewässer mit einem Transportmittel zu überqueren, bereits vor etwa 30.000 Jahren unternommen. Erste Wasserfahrzeuge wie der Einbaum oder das Holzfloß und vergleichbare primitive Beförderungsmittel dienten – lediglich angetrieben von Muskelkraft – anfangs ursprünglich nur dem Fischfang oder dem Überqueren von Flüssen und stillen Gewässern.

Dann brachte die Nutzung des Windes durch die Erfindung des Segels die Menschheit in ihrem Bestreben, die Wasserwege nutzbar zu machen, einen entscheidenden Schritt voran. Diese Erfindung liegt etwa 5.500 Jahre zurück und wird den Ägyptern zugeschrieben. Auch wenn die zusätzliche Unterstützung durch Ruder zum Beispiel bei Flauten oder ungünstigen Winden noch lange unverzichtbar blieb, entwickelten sich Segelschiffe dank einer Vielzahl technischer und nautischer Verbesserungen über einen langen Zeitraum hinweg zur wichtigsten Verbindung von Handel, Verkehr und Kultur zwischen Küsten und Kontinenten.

Erst im 20. Jahrhundert setzte sich der Antrieb per Dampfkraft und Schiffsschraube durch, und schließlich löste das Flugzeug die Schifffahrt in weiten Bereichen als Transportmittel ab. Aber dennoch: Die Faszination der Segelschifffahrt ist bis heute ungebrochen – das zeigt sich bei den prachtvollen Windjammer-Paraden überall auf der Welt immer wieder.

Die Weltgeschichte hat sich in viel größerem Maße auf dem Wasser abgespielt, als den meisten von uns bewusst ist. Neben den großen Völkerwanderungen, Heereszügen und Handelsfahrten zu Lande gab es genauso zahlreiche und historisch bedeutende Unternehmungen auf dem Wasser. Sie haben die Entwicklung der Welt entscheidend beeinflusst und verändert. Was wäre wohl aus dem Römischen Imperium geworden, hätte sich die antike Landmacht von damals nicht aufs Meer gewagt und das Seefahren erlernt? Und was für ein Britisches Imperium wäre wohl im 19. Jahrhundert entstanden, wenn es nicht Jahrhunderte zuvor den legendären Sieg gegen die Spanische Armada gegeben hätte? Spannend ist aber auch, wer Amerika tatsächlich entdeckt hat, wieso Männer wie Klaus Störtebeker, der berühmte »Schwarzbart« oder Sir Francis Drake zu Piraten und Freibeutern wurden – und ob es das Ei des Kolumbus wirklich gegeben hat! Wieso zählt Heinrich der Seefahrer zu den großen Seefahrern und Entdeckern der Menschheit, obwohl er selbst nie etwas entdeckt hat? Und was hat es mit den Erzählungen auf sich über »weiße« Indianer in Südamerika: blond, mit Bärten und blauen Augen?

Das Meer hat die Geschichte der Menschheit und die Entwicklung unserer Welt maßgeblich beeinflusst und verändert. Das Thema Seefahrt ist vielfältig und unterhaltsam zugleich. Entsprechend gibt es zur Geschichte der Seefahrt eine schier unglaubliche Vielfalt an Literatur. Warum also jetzt auch noch die »Geschichte(n) der Seefahrt«? Ganz einfach, weil sich dieses auf vier Bände konzipierte Werk der ebenso spannenden, vielseitigen wie lehrreichen Thematik auf eine ganz neue Art annimmt: mit kurzen, prägnanten Geschichten, die sich auf das Wesentliche konzentrieren, in sich abgeschlossen sind und in erster Linie unterhalten sollen.

Der vorliegende erste Band widmet sich auf fast 200 teils farbig bebilderten Seiten mit Seefahrern und Entdeckern auf der einen sowie Piraten und Freibeutern auf der anderen Seite jenen Persönlichkeiten, ohne die dieses Kapitel der Menschheit mit Sicherheit anders verlaufen wäre. Die Auswahl des Personen- und Themenkreises erhebt keinen Anspruch auf Vollständigkeit im wissenschaftlichen Sinne. Dennoch sind in jede einzelne Geschichte alle verfügbaren Informationen eingeflossen, die erforderlich waren, um auch anspruchsvollere Leser zu unterhalten.

Die Geschichten sind nach Seefahrern und Entdeckern einerseits sowie Piraten und Freibeutern andererseits getrennt aufgeführt und innerhalb dieser Kategorisierung chronologisch angeordnet. Da sie aber in sich abgeschlossen sind, bleibt es den Leserinnen und Lesern vorbehalten, ob sie sich eine nach der anderen zu Gemüte führen oder sich je nach Lust und Laune der Persönlichkeit zuwenden, die ihnen gerade am interessantesten erscheint. Wichtig ist den beiden Verfassern nur eines: gute Unterhaltung und viel Vergnügen bei der Lektüre. In den folgenden Bänden sind die Themen »Schiffstypen und Schiffsschicksale«, »Seefahrtsnationen und Seefahrtsrouten« sowie »Seeschlachten« vorgesehen – ergänzt um viel Interessantes, Erstaunliches und Wissenswertes rund um die Seefahrt selbst. Jeweils erzählt in leicht verständlichen Berichten. Doch lesen Sie selbst!

# Der erste Europäer auf dem amerikanischen Kontinent:

# Leif Eriksson

Wer sich etwas intensiver mit der Entdeckungsgeschichte Amerikas beschäftigt, kommt an den beachtlichen seefahrerischen Leistungen der Wikinger und speziell an Leif Eriksson und seinem Vater Erik dem Roten nicht vorbei. Doch nicht nur die Anfänge der Besiedlung der Neuen Welt durch die Nordmänner etwa 5.000 Kilometer von ihrer ursprünglichen Heimat Norwegen entfernt, sondern vor allem ihr Verschwinden von der Bildfläche des amerikanischen Kontinentes wirft einige interessante Fragestellungen auf, wie die folgenden drei Beispiele zeigen.

Welche Informationsquellen versetzten den deutschen Kartografen Martin Waldseemüller in die Lage, auf seiner berühmten zwölfseitigen Weltkarte von 1507 den Süden und die Westküste Südamerikas verhältnismäßig genau darzustellen – und zwar ohne dass zuvor ein Europäer bekanntermaßen bis in diese Regionen vorgedrungen war? Woher wusste der Portugiese Fernando Magellan, als er 1519 zur ersten Umseglung der Erde aufbrach, dass er genau dort gezielt nach einer Wasserstraße suchen musste, die ihn durch den Süden des Subkontinentes hindurch direkt vom Atlantischen in den Pazifischen Ozean führen und ihm dadurch das Umsegeln von Kap Hoorn als südlichstem Teil Südamerikas ersparen würde? Und was hat es mit Berichten auf sich, nach denen einige der ersten Erforscher Südamerikas den Spuren »weißer« Indianer begegnet sein sollen, die als groß, hellhäutig, blond und blauäugig beschrieben wurden und auf die sich sogar ein so angesehener Naturwissenschaftler und Südamerika-Experte wie Alexander von Humboldt bezogen hat?

Es gibt tatsächlich Vermutungen, die diese Fragen mit dem Verschwinden der Wikingersiedlungen in Nordamerika in Verbindung bringen, die dort nachweislich um das Jahr 1.000 n. Chr. entstanden waren – knapp 500 Jahre vor den Entdeckungsreisen von Christoph Kolumbus. Andere Theorien gehen sogar noch weiter. So sollen Boote, die den Drachenschiffen der Wikinger ähnelten, den Amazonas und den Orinoco befahren haben und dabei weit ins Landesinnere Südamerikas vorgedrungen sein. Darüber hinaus verehrten die zentralamerikanischen Ureinwohner eine Gottheit, die bei den Azteken Quetzalcoatl, bei den Maya Kukulcan und bei den Inka Viracocha genannt wurde. Die Göttergestalt, die auf eine historische Person zurückgehen soll, wurde häufig als ein Mann mit weißer Haut und Bart dargestellt – ein für einen Indianer eher unwahrscheinliches Äußeres. Da dieser Gott auch als Kultur- und Wissensbringer galt, ist die Vermutung nicht völlig abwegig, dass sich hinter der realen Figur ein Europäer verbergen könnte. Ein Wikinger vielleicht?

Alle diese Vermutungen sind wissenschaftlich nicht belegt. So hat Martin Waldseemüller bei seiner Weltkarte womöglich auf Informationen des Amerigo Vespucci zurückgreifen können, der wesentlich weiter in den Süden Amerikas vorgestoßen sein könnte als bisher bekannt. Vielleicht hat Magellan die später nach ihm benannte Wasserstraße gar nicht bewusst gesucht, sondern zufällig entdeckt. Und ob tatsächlich irgendjemand hellhäutigen Indianern begegnet ist oder Wikingerboote auf dem Amazonas beziehungsweise Orinoco gesichtet hat oder dies auf Hirngespinste, Träume oder auf eine irrtümliche Wahrnehmung zurückzuführen ist, lässt sich wohl nur erraten.

Die ausführlichsten Informationen zu den Entdeckungsfahrten der Wikinger über den stürmischen Nordatlantik in Richtung Westen bieten zwei überlieferte Geschichten: die »Grönländer Saga« und die »Saga Eriks des Roten«. Da beide jedoch erst etwa zwei bis drei Jahrhunderte nach den darin beschriebenen Ereignissen verfasst wurden, darf ihr Wahrheitsgehalt nicht überbewertet werden – auch wenn es sich bei einer »Saga« im Gegensatz zu der mit märchenhaften Elementen ausgestatteten Sage um eine weitgehend auf Tatsachen beruhende und in der Regel einen längeren Zeitraum umfassende Geschichte einer Familie oder eines Landes handelt.

Fest steht jedenfalls, dass die Wikinger im 8. Jahrhundert damit begannen, sich im größeren Stil fernab ihrer skandinavischen Heimat niederzulassen. Als Hintergrund der Expansion wird ein starkes Bevölkerungswachstum bei einem begrenzten Bestand an Weide- und Ackerland angenommen. In west- und südwestlicher Richtung wurden

zunächst die Shetland- und Orkneyinseln, die vor Schottland liegenden Hebriden, Irland und schließlich die Färöer-Inseln besiedelt. In der zweiten Hälfte des 9. Jahrhunderts gelangten die Wikinger erstmals nach Island.

Bereits um das Jahr 950 sollen etwa 50.000 Nordmänner auf Island gelebt haben. Ungefähr zu jener Zeit musste ein Mann namens Thorvald Asvaldsson seine norwegische Heimat verlassen, weil er im Streit einen Menschen erschlagen hatte. Für Mord oder Totschlag kannten die nicht gerade zimperlichen Wikinger – sie waren nicht nur raubeinige Krieger und unerschrockene Seefahrer, sondern regelten Auseinandersetzungen mit verfeindeten Familien traditionell auf dem Weg der Blutrache – eine verglichen mit heutigen Maßstäben eher gelinde Strafe: die Verbannung. Sie wurde für drei Jahre bis lebenslang ausgesprochen und zwang den Verurteilten dazu, das angestammte Land für diese Zeit zu verlassen. Wer allerdings einer Verbannung durch den so genannten »Thing«, der Versammlung einer Dorfgemeinschaft, nicht Folge leistete, wurde für vogelfrei erklärt und durfte von jedem Landsmann ungestraft getötet werden.

Thorvald Asvaldsson wollte dieses Schicksal nicht teilen und wanderte mit seiner Familie nach Island aus. Da die besten Siedlungsplätze dort aber schon besetzt waren, blieb den Asvaldssons nur die Ansiedlung in einer kleinen Ortschaft im felsigen, öden Nordwesten der Insel. Sein Sohn Erik Thorvaldsson, der damals etwa zehn Jahre alt war und vermutlich wegen seiner Haarfarbe den Beinamen »der Rote« erhielt, verbesserte seine Situation später durch eine glückliche Fügung des Schicksals: Dank der Mitgift der Schwiegereltern seiner Braut Thjodhild konnte sich das Paar nach der Hochzeit im fruchtbareren Tal Haukaladur weiter südlich einen neuen Hof aufbauen.

Doch anstatt es sich und seiner Familie hier gut gehen zu lassen und ein friedliches Leben zu führen, war Erik der Rote seinen »genetischen Wurzeln« zu sehr verhaftet. In einem Nachbarschaftsstreit erschlug er zwei Männer, und bereits auf eine kleinere Insel vor Island verbannt, kam es dort zu einer erneuten Auseinandersetzung, in deren Verlauf er gleich mehrere Männer tötete. Nach Verhängung der Mindeststrafe von drei Jahren Verbannung entschloss sich Erik, mit einer kleinen Mannschaft gen Westen zu segeln, um dort ein Land zu finden, das ein Landsmann einige Jahrzehnte zuvor gesichtet, aber nicht betreten hatte, nachdem sein Boot von einem Sturm dorthin abgetrieben worden war. Nachdem sie die Strecke von etwa 450 Seemeilen (für Landratten: eine Seemeile entspricht 1.852 Meter) zurückgelegt hatten, erreichten sie die von Gletschern bedeckte Ostküste einer großen Insel. Sie ließen sich von diesem unwirtlichen Eindruck jedoch nicht abschrecken, umsegelten die Südspitze dieses Eilands, fuhren an seiner Westküste wieder gen Norden und betraten schließlich an einer Stelle die Insel, an der es fruchtbares Land mit sattem, grünem Gras sowie Fische, Vögel, Karibus und anderes mehr im Überfluss gab. War es die Landschaft mit ihrem saftigen Grün, warum Erik dieser größten Insel der Erde den Namen »Grönland« (für grünes Land) gab? Oder beabsichtigte er, andere Auswanderungswillige durch diese »hoffnungsvolle« Namensgebung später besser davon überzeugen zu können, mit ihm nach Grönland zu segeln, um sich dort anzusiedeln?

Darstellung Eriks des Roten in voller Rüstung auf dem Titel eines Buches von 1688

Auf jeden Fall herrschte damals ein etwas milderes Klima als heute, so dass die Lebensbedingungen im Westen Grönlands zu jener Zeit recht angenehm gewesen sein müssen. Wie auch immer: Im Jahr 985 – Erik war inzwischen etwa 45 Jahre alt – kehrte er nach Island zurück. Zielstrebig bereitete er die erneute Überfahrt nach Grönland vor und warb erfolgreich um Mitstreiter. Ein Jahr später stach eine Flotte von 25 Wikingerschiffen mit etwa 700 Menschen an Bord – darunter auch seine Frau und seine drei Kinder – Richtung Grönland in See. Heftige Stürme führten jedoch zum Untergang von elf Schiffen der Flotte, und etwa 400 Wikinger kamen in den tosenden Fluten ums Leben. Die Überlebenden gründeten an der Westküste Grönlands zwei benachbarte Siedlungen, die drei oder sogar vier Jahrhunderte Bestand hatten und zu ihrer Blütezeit von annähernd 3.000 Menschen bewohnt wurden.

Als die Nordmänner 986 mit der Besiedlung Grönlands begannen, war Eriks ältester Sohn Leif etwa acht Jahre alt. Er sollte die Leistung seines Vaters, der sich von einem gefährlichen Totschläger zu einem umsichtigen Kolonisatoren entwickelt hatte und bis zu seinem Tode das uneingeschränkte Oberhaupt der grönländischen Wikinger war, die Krone aufsetzen. Bei ihm bedurfte es aber nicht erst einer Verbannung – ihn trieb vielmehr die Neugier, die auf einer Geschichte basierte, die ihm sein Vater von einer Seefahrt des Kaufmanns Bjarne Herjulfsson erzählt hatte. Durch extreme Winde und Strömungen von seiner ursprünglichen Route abgetrieben, war dieser westlich von Grönland einer bewaldeten Küste nahe gekommen, die er jedoch – aus welchen Gründen auch immer – nicht betrat. Leif Eriksson hingegen hatte den Pioniergeist und Wagemut seines Vaters im Blut. Nachdem er sich im Jahr 999 in Norwegen vom dortigen König zum Christentum bekehren ließ, kehrte er zurück, um die Siedler auf Grönland ihrerseits für das Christentum zu gewinnen. Gleichzeitig reifte in ihm der Plan, dieses ferne, bewaldete Land zu finden, von dem ihm sein Vater erzählt hatte. Dabei verfolgte er durchaus auch wirtschaftliche Interessen, da Holz sowohl auf Grönland als auch auf Island ein rares Gut war, das erst aus Norwegen importiert werden musste.

Der »Grönländer Saga« zufolge kaufte Leif das für Holztransporte besonders gut geeignete Schiff, das einst Bjarne Herjulfsson gehörte. Mit 35 mutigen Männern, die ihn bei der ungewissen Fahrt gen Westen begleiteten, stach der damals erst etwa 23-jährige Wikinger im Jahr 1001 in See. Zunächst erreichten sie ein flaches, steiniges Land, dem Leif den Namen »Helluland« (Steinland) gab und bei dem es sich vermutlich um den Süden der Baffininsel handelte. Da es aber nicht das erhoffte waldreiche Land war, segelten sie weiter in südlicher Richtung und trafen schließlich auf eine flache und bewaldete Küste, die die Bezeichnung »Markland« (Waldland) erhielt – höchstwahrscheinlich Labrador. Doch Leif ließ noch weiter nach Süden segeln und erreichte zwei Tage später eine weitere, ebenfalls reich bewaldete Küste. Hier beschloss er, an Land zu gehen.

Damit waren Leif Eriksson und seine Gefolgsleute allen bisherigen Erkenntnissen nach die ersten Europäer, die den amerikanischen Kontinent betraten. Mit an Sicherheit grenzender Wahrscheinlichkeit lässt sich heute sagen, dass es die Nordspitze Neufundlands war, an der die Wikinger an Land gingen und wo sie überwinterten, bevor sie ein Jahr später nach Grönland zurückkehrten. In den 60er Jahren des 20. Jahrhunderts förderten Archäologen hier nahe dem Dorf L' Anse aux Meadows die Überreste einer Wikingersiedlung zu Tage, die nachweislich zur Zeit Leif Erikssons entstanden ist.

Die Sagas berichten von diesem Flecken Erde, als handelte es sich um das Paradies. Die milden Temperaturen, der Reichtum an Lachsen, das saftige Grün und vieles mehr lassen das Land, das Leif »Vinland« nannte, ideal für eine Besiedlung erscheinen. Allerdings bestehen Zweifel an der Bedeutung der Bezeichnung »Vinland« für Weinland. Zwar heißt es in der »Grönländer Saga«, dass die Wikinger dort Wein gefunden hätten, doch war dies vermutlich eine Fehldeutung ihrer Verfasser. Denn je nach Aussprache kann der norwegische Begriff »Vin« sowohl »Wein« als auch »Weide« bedeuten. Und die meisten Wissenschaftler bezweifeln, dass es selbst zur damaligen klimatisch etwas milderen Zeit dort Weintrauben gegeben hat.

Auf jeden Fall stieß der Bericht Leif Erikssons nach seiner Rückkehr in Grönland auf großes Interesse. Zwar kehrte er selbst nicht noch einmal dorthin zurück, doch seine Brüder Thorvald und Thorstein sowie seine Halbschwester Freydis und andere sollen seinen Spuren in den folgenden Jahren gefolgt sein. Thorvald Eriksson wird auch der erste bewaffnete Konflikt mit Ureinwohnern – ob Indianer oder Inuit ist nicht belegt – zugeschrieben, die von den Wikingern verächtlich als »Skrälinger« bezeichnet wurden, was so viel wie »Winzlinge« oder »Schwächlinge« bedeutet. Ohne ersichtlichen Grund soll Thorvald mit seinen Leuten acht Ureinwohner bei einer ersten Begegnung getötet haben, woraufhin sich diese fürchterlich an den Eindringlingen rächten. Es war die erste, aber leider bei weitem nicht die letzte Auseinandersetzung zwischen den amerikanischen Ureinwohnern und Europäern, die etwa fünf Jahrhunderte später die Neue Welt neu für sich entdeckten.

Was aus den Siedlungsversuchen der Wikinger nach Leif Eriksson tatsächlich wurde, wie weit sie ins Landesinnere vordrangen oder nach Süden gelangten, wie lange ihre Siedlungen in Amerika Bestand hatten und was letztlich zu ihrer Auflösung beigetragen haben mag, ist mangels archäologischer Belege Gegenstand von Spekulationen. Die aber gehen mitunter so weit, dass die Kultur der Wikinger auf nordamerikanischem Boden erst Ende des 15. Jahrhunderts aufgrund sich verschlechternder klimatischer Verhältnisse und damit einhergehender Krankheiten und Mangelerscheinungen sowie zunehmender Konflikte mit den Ureinwohnern unterging – ungefähr zu der Zeit, als sich Kolumbus anschickte, einen Seeweg nach Indien zu finden.

## Des Kaisers Admiral:

# Zheng He

Obwohl die westliche Welt erst relativ spät von ihm Kenntnis erlangt hat und er selbst in seiner Heimat weitestgehend in Vergessenheit geraten war, gilt der Chinese Zheng He nach den Wikingern um Erik den Roten und Leif Eriksson als einer der größten Seefahrer aller Zeiten. Auf jeden Fall war er der erste namentlich bekannte Seefahrer, der sich erwiesenermaßen mit seinen Flotten weit von den sicheren Küstenregionen entfernt aufs offene Meer wagte, um zu fernen Ländern und Kontinenten zu gelangen. Zwar gab es in der Antike bereits Seefahrer wie zum Beispiel die Griechen Skylax von Karyander im 6. oder Pytheas von Massilia im 4. vorchristlichen Jahrhundert. Doch die heutigen Kenntnisse über sie und ihre seemännischen Leistungen beruhen in erster Linie auf Überlieferungen, die erst lange nach ihrer Zeit schriftlich festgehalten wurden und daher eher einen im wahrsten Sinne des Wortes sagenhaften als wissenschaftlich fundierten Charakter haben. Anders verhält es sich mit seefahrenden Völkern wie etwa den Polynesiern. Sie besiedelten vermutlich ab dem 3. Jahrhundert n. Chr. die Inselwelt des Pazifischen Ozeans, sind aber nicht als einzelne Seefahrer hervorgetreten.

Es existieren sogar Dokumente, die angeblich belegen, dass Zheng He – manchmal wird sein Name auch mit Cheng Ho oder Tscheng Ho angegeben – Australien und lange vor Kolumbus sogar Amerika erreicht hat, doch bestehen an deren Authentizität berechtigte Zweifel. Dennoch vollbrachte der Chinese einige bemerkenswerte Leistungen, die aber im Gegensatz zu denen eines Christoph Kolumbus, eines Fernando Magellan oder eines James Cook, um nur einige der ganz Großen zu nennen, ohne Auswirkungen auf die weitere Entwicklung der Menschheit blieb. Daher ist die historische Bedeutung dieses Mannes trotz seiner beachtlichen seefahrerischen, organisatorischen und sonstigen Fähigkeiten als eher gering zu bewerten.

Apropos Mann: Der im Jahr 1371 geborene Zheng He wurde im Alter von etwa 14 Jahren, nachdem er zuvor zusammen mit vielen anderen Kindern bei einem Überfall auf seine Heimatstadt Kunming in der südchinesischen Provinz Yunnan von Soldaten der Ming-Dynastie entführt und an den Hof des Kaisers von China verschleppt worden war, seiner Männlichkeit beraubt. Von diesem Schicksal waren alle männlichen Chinesen betroffen, denen die – aus heutiger Sicht höchst zweifelhafte – Ehre zuteil wurde, für den Dienst am Kaiserhof auserwählt zu werden. Denn da am Hof der Kaiser und seine Nachkommen die einzigen zeugungsfähigen Männer sein durften, kamen für höfische Dienste ausschließlich Eunuchen infrage.

Als Diener des Kaisersohns Zhu Di machte Zheng He eine Bilderbuchkarriere. Er erwies sich als seinem Herrn treu ergeben und trug dank seines militärischen Geschicks maßgeblich dazu bei, dass sein Gebieter aus einer blutigen Auseinandersetzung um das Erbe des »Drachenthrons« als Sieger hervorging. 1402 wurde Zhu Di schließlich der dritte Kaiser der seit 34 Jahren herrschenden Ming-Dynastie. Er nahm den offiziellen Kaisernamen Cheng Zu an und nannte sich »Yongle« (ewige Freude).

Für Zheng He war dies mit einem erheblichen Machtzuwachs verbunden. Er wurde in den Stand eines Groß-Eunuchen erhoben und entwickelte sich zu einem der engsten Berater des Kaisers. Ein Jahr später folgte seine Ernennung zum Admiral mit dem Auftrag, eine gewaltige Staatsflotte aufzubauen. Sie sollte allen nahen und fernen Mächten die unendliche Macht des »Reichs der Mitte« und ihres Herrschers vor Augen führen. In den folgenden Jahren soll Zheng He den Neubau bzw. die Überholung von fast 1.700 Schiffen angeordnet haben. Die Arbeiten wurden in den ersten Trockendocks der Welt in der damaligen chinesischen Hauptstadt Nanjing am Jangtse-Fluss ausgeführt – zu jener Zeit mit knapp einer halben Million Einwohnern die größte Stadt der Erde.

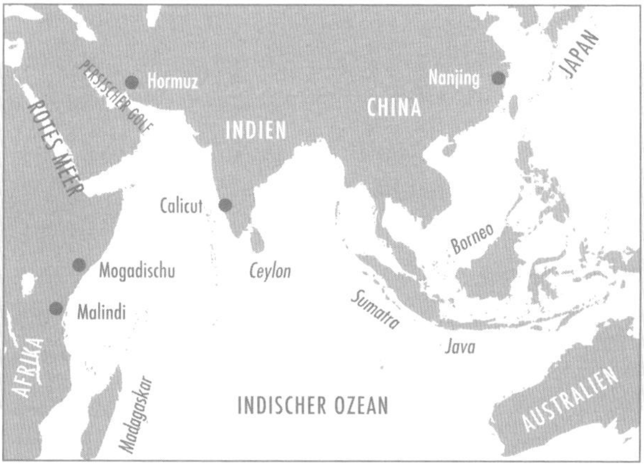


Zwischen 1405 und 1433 wurden sieben große Expeditionen unternommen, an denen Zheng He sechs Mal persönlich teilnahm. Die Schiffe seiner Flotten gelangten durch das Südchinesische Meer und den Pazifik über Siam bis nach Sumatra und Java. Sie wagten sich über den Indischen Ozean immer weiter Richtung Westen vor und erreichten dabei über Ceylon, das heutige Sri Lanka, das Handelszentrum Calicut an Indiens Westküste, die Hafenstädte Hormuz am Persischen Golf und Dschidda am Roten Meer und schließlich sogar Mogadischu (Somalia) und Malindi (Kenia) an der afrikanischen Ostküste. Auf diese Weise vertieften sich die Handelsbeziehungen zu den bereisten Ländern, und die Schiffe brachten von den fremden Küsten kostbare Perlen und Edelsteine, tropische Hölzer, seltene Kräuter und exotische Gewürze sowie wilde, unbekannte Tiere wie Zebras, Elefanten, Löwen und einmal sogar eine Giraffe mit. Im Gegenzug führten die chinesischen

Schiffe große Mengen an Seide, Porzellan, Keramik und Lackwaren zu Tauschzwecken mit sich.

Die Angaben zu den Schiffen der Flotten Zheng Hes, zu ihrer Größe, ihrer Anzahl und ihrer Ausstattung, sind unterschiedlich und lassen keine sicheren Aussagen zu. Aber dennoch müssen sie alles bisher Dagewesene in den Schatten gestellt haben. So sollen die riesigen Schatzschiffe alten chinesischen Aufzeichnungen zufolge eine Länge von über 160 Metern, eine Breite von mehr als 50 Metern, eine Ladekapazität von etwa 3.600 Tonnen sowie bis zu zehn Masten und 600 Mann Besatzung gehabt haben. Auch wenn die jüngere Geschichtsforschung diese Größenordnungen ein wenig relativiert und die Länge der Flaggschiffe auf maximal 84 Meter begrenzt, so handelt es sich immer noch um die mit Abstand größten aus Holz gebauten Segelschiffe aller Zeiten.

Allein an der ersten Reise sollen 317 Schiffe – andere Quellen sprechen von deutlich weniger – mit insgesamt fast 28.000 Mann Besatzung teilgenommen haben. Zu den Flotten gehörten neben den majestätischen Schatzschiffen spezielle Versorgungsschiffe mit Trinkwasser und Proviant, Kriegsschiffe für den Transport von Soldaten sowie so genannte »Pferdetransporter«, die nicht nur Reitpferde, sondern auch Waren und Reparaturmaterial für die Flotte beförderten. Die Besatzung bestand neben Seeleuten und Soldaten aus Ärzten, Astronomen, Dolmetschern, Händlern, Köchen, Schneidern, Hofbeamten fürs Protokoll, buddhistischen Mönchen, muslimischen Geistlichen und anderen mehr.

So schnell diese gigantische Staatsflotte entstanden war, so schnell ging die gerade einmal drei Jahrzehnte währende Epoche dieses ebenso kurzen wie bemerkenswerten Höhepunktes der chinesischen Seefahrtsgeschichte zu Ende. Streng genommen endete sie 1424 mit dem Tode Yongles, da sein Sohn und Nachfolger Hongxi alle Fahrten, Instandhaltungen und den Neubau von Schiffen untersagte. Doch schon ein Jahr später starb Kaiser Hongxi, dessen Sohn als Kaiser Xuande die Schatzflotte reaktivieren ließ. Von 1431 bis 1433 begab sich Zheng He auf seine letzte große Reise, auf deren Rückfahrt er vermutlich starb. Danach verabschiedete sich das Kaiserreich China endgültig von seinen großen Handels- und Entdeckungsreisen zur See – zufällig fast genau zu jener Zeit, als Portugal damit begann, den Seeweg um die Südspitze Afrikas herum nach Indien zu finden.

## Einer der größten Pioniere der Seefahrt:

# Heinrich der Seefahrer

Von wenigen unbedeutenden Ausnahmen einmal abgesehen, fuhr er selber nie zur See. Er entdeckte keine noch so kleine Insel und erst recht auch keinen Kontinent. Aber dennoch wurde ihm der bezeichnende Beiname »der Seefahrer« verliehen. Dieser Mann war der portugiesische Prinz Heinrich, der im März des Jahres 1394 als jüngster Sohn König Johanns I. von Portugal das Licht der Welt erblickte und als der Begründer, ja gewissermaßen als Urvater der großen Entdeckungsreisen in die Geschichte der Seefahrt eingegangen ist.

Obwohl sich gegen Ende des 14. Jahrhunderts der Gedanke von der Kugelform der Erde wenigstens in Gelehrtenkreisen bereits durchgesetzt hatte, ließ die mächtige und einflussreiche Kirche diese Sichtweise offiziell noch nicht zu. Auch wenn die geistlichen Würdenträger es sicher ebenfalls schon besser wussten, war es ihnen vermutlich lieber, dass die einfachen Leute von der Vorstellung ausgingen, die Erde sei eine Scheibe, deren westliches Ende irgendwo in den fernen Weiten des Atlantischen Ozeans lag. Doch da der endgültige Beweis für die Kugelform unseres Planeten durch eine Erdumseglung noch einige Jahre auf sich warten ließ, konzentrierte sich das Interesse des Abendlandes in erster Linie auf die Erkundung des Ostens dieser »Scheibe« – zumal

Marco Polo fast 100 Jahre vor der Geburt des portugiesischen Prinzen nach über zwei Jahrzehnten am Hofe des Kaisers von China zurückgekehrt war. Seine ausführlichen Reiseberichte hatten der Alten Welt nicht nur geografische Kenntnisse über zahlreiche Länder und Regionen des bis dahin weitgehend unbekannten asiatischen Erdteils vermittelt, sondern ihr auch die unermesslichen Reichtümer vor Augen geführt, die den Venezianer beeindruckt – und die natürlich Begehrlichkeiten bei den Europäern geweckt hatten.

Zu jener Zeit gab es durchaus schon regen Handel zwischen Europa und dem Fernen Osten. Allerdings mit der Einschränkung, dass er über arabische Händler ablief, die damals unter anderem den östlichen Mittelmeerraum kontrollierten und dadurch das Handelsmonopol innehatten. Auf diese Weise profitierten die Araber und ihre direkten Handelspartner, die das westliche Mittelmeer beherrschenden Seemächte Genua und Venedig, von der wachsenden europäischen Nachfrage nach den begehrten Gütern aus dem Fernen Osten. Dazu gehörten Seide aus China und Persien, Edelsteine aus Ceylon und Indien und vieles mehr. Von ganz besonderer Bedeutung waren aber bis dahin in Europa völlig unbekannte Gewürze, die nicht nur der Geschmacksverbesserung, sondern auch der Konservierung dienten. Der Wert dieser Gewürze basierte vor allem darauf, dass im Europa des ausklingenden Mittelalters die Ernährung vorwiegend aus Mehlbrei- und Fleischgerichten bestand. Reis, Kartoffeln, nicht einmal Zucker waren bekannt. Das sich allmählich entwickelnde Bürgertum jener Zeit fand daher zusehends Gefallen an exotischen Gewürzen wie Ingwer, Safran, Zimt, Nelken, Muskatnuss und anderen mehr. Selbst heute so »normale« Gewürze wie Pfeffer und Salz waren damals außerordentlich begehrte und wertvolle Handelswaren.

Doch der direkte Zugang zu diesen kostbaren Gütern blieb den Europäern aufgrund der Handelshoheit der Araber und der italienischen Stadtstaaten Genua und Venedig zunächst verwehrt. Was also lag näher als der Gedanke, einen direkten Handelsweg in den Fernen Osten unter Umgehung des Mittelmeers zu finden, um das arabische Handelsmonopol zu umgehen und die lukrativen Gewinne selbst einzustreichen. Aber wie?

Diese Frage – und die Suche nach einer Antwort – wurde zum Lebensinhalt des Prinzen. Doch bevor er begann, regelmäßige Seefahrts-Expeditionen auszurüsten, musste er einen anderen Auftrag erfüllen: die Eroberung Ceutas. Gemeinsam mit seinem Bruder Pedro bereitete er den Überfall auf den maurischen Stützpunkt vor, und im Juli 1415 stach Heinrich mit einer Flotte in See. Ceuta – aufgrund seiner geografischen Lage im Nordwesten Afrikas bildete es zusammen mit Gibraltar im Südwesten Europas die Eckpfeiler der strategisch wichtigen Durchfahrt vom Atlantik zum Mittelmeer – wurde Ende August eingenommen. Damit hatte sich das kleine Königreich von der Bedrohung durch die Mauren, die jahrhundertelang die Iberische Halbinsel beherrscht hatten und von den Portugiesen im 13. Jahrhundert vertrieben wurden, endgültig befreit – übrigens lange bevor dies auch Spanien gelang.

Nun war der Weg frei für die Suche nach dem Handelsweg in Richtung Osten. Nach intensiven Studien antiker sowie islamischer Schriften fasste Heinrich den Entschluss, den Seeweg nach Indien um den weitgehend noch unerforschten Kontinent Afrika herum zu finden. Ab 1418 begann er mit der Ausstattung regelmäßiger Expeditionen, die sich vom südportugiesischen Sagres aus an der afrikanischen Westküste entlang zunächst immer weiter gen Süden vortasten sollten. Irgendwo musste dieser Erdteil ja enden, so dass an dessen Südspitze dann der Seeweg in östlicher Richtung eingeschlagen werden könnte. Bei der Finanzierung seiner Vorhaben kamen ihm seine königliche Herkunft, seine Ernennungen zum Herzog von Viseu und zum Gouverneur der Provinz Algarve sowie seine Position als weltlicher Hochmeister des Christusordens außerordentlich gelegen.

Bei den Erkundungsfahrten wurden zunächst Madeira und deren Nebeninsel Porto Santo sowie einige Jahre darauf auch die Azoren erreicht und anschließend kolonialisiert. Jahr für Jahr stießen die portugiesischen Seefahrer weiter an der afrikanischen Westküste Richtung Süden vor, doch erst 1434 gelang die Umsegelung des für unpassierbar gehaltenen Kaps Bojador südlich der Kanarischen Inseln. Ein Jahr zuvor soll Heinrich der Seefahrer an seinem Stützpunkt Sagres auch die erste Seefahrtsakademie der Welt gegründet haben – was inzwischen von Historikern in Zweifel gezogen wird. Als sicher aber gilt, dass er die besten Seefahrer, Nautiker, Kartografen und Astronomen jener Zeit hier an der Algarve versammelte, um die Expeditionen optimal vorzubereiten. Darüber hinaus mussten seine Kapitäne alle Erkenntnisse genauestens dokumentieren, damit sie nach den Reisen ausgewertet werden konnten.

Ein weiterer Meilenstein war die 1441 vollendete Entwicklung der Karavelle. Dieser neue Schiffstyp erlaubte es, aufgrund seines geringeren Tiefgangs näher an die Küsten zu gelangen und sogar auf Flüssen ins Landesinnere vorzudringen. Außerdem konnten die Karavellen als erste Segelschiffe gegen den Wind kreuzen und waren daher deutlich schneller und wendiger als ihre Vorgänger. In den folgenden fünf Jahren drangen Heinrichs Karavellen bis zu den Gebieten des heutigen Guinea, Senegal und Gambia vor. Kurz bevor Heinrich der Seefahrer am 13. November 1460 im Alter von 66 Jahren verstarb, begannen die Portugiesen mit der Erkundung und Besiedlung der Kapverdischen Inseln. Elf Jahre später passierten sie erstmals den Äquator, doch erst

Zeitgenössische Darstellung einer portugiesischen Karavelle (um 1500)

1488 umsegelte Bartolomeu Dias das Kap der Guten Hoffnung im Süden Südafrikas. Es sollten aber noch zehn weitere Jahre vergehen, bis Vasco da Gama am 20. Mai 1498 den strategisch wichtigen Handelsstützpunkt Calicut an der westindischen Malibarküste erreichte.

Den Beinamen »der Seefahrer« soll Heinrich noch zu Lebzeiten erhalten haben. Ob seine Zeitgenossen dabei schon ahnten, dass er nicht nur die Grundlagen für Portugals Aufstieg zur ersten großen Seefahrtsnation und Kolonialmacht der Welt, sondern für alle weiteren großen Entdeckungsreisen zur See gelegt hatte, ist allerdings nicht bekannt.

## Entdecker des Kaps der Guten Hoffnung:

# Bartolomeu Dias

Im April des Jahres 2008 machten Mitarbeiter der namibischen Diamantengesellschaft Namdeb an der südwestafrikanischen Atlantikküste eine beachtliche Entdeckung: Auf der Suche nach neuen Diamantenvorkommen stießen sie auf das Wrack einer erstaunlich gut erhaltenen, etwa 500 Jahre alten portugiesischen Karavelle. Bei näherer Auswertung erwies sich dieser Fund als einer der größten, der je vor Afrikas Küsten entdeckt wurde: 13 Tonnen Kupferbarren, mehr als 2.000 Goldmünzen- und ca. anderthalb Kilogramm Silbermünzen, sechs Bronzekanonen und vieles mehr befanden sich an Bord des Wracks – und machten daraus nicht nur materiell, sondern auch archäologisch-historisch eine höchst wertvolle Entdeckung.

Zunächst gingen einige der hinzugezogenen Wissenschaftler davon aus, dass es sich um die einst verschollene Karavelle des portugiesischen Seefahrers Bartolomeu Dias handelte. Der war im Mai des Jahres 1500 vor der südwestafrikanischen Küste als Kapitän einer Karavelle der Flotte des Brasilien-Entdeckers Pedro Álvares Cabral in einen schweren Sturm geraten und für immer verschwunden – nur einige hundert Kilometer nördlich jener Gewässer, in denen er zwei Jahre zuvor Weltruhm erlangt hatte. Doch nach genauerer Untersuchung der

Münzen stellte sich heraus, dass die ältesten von ihnen erst 1525 in Portugal geprägt worden waren. Folglich konnte es sich nicht um die Karavelle des Dias handeln. Übrigens: Die genaue Herkunft des Wracks ist bis heute nicht geklärt.

Das gilt auch für die Herkunft von Bartolomeu Dias selbst. So sind weder der Ort noch der Tag seiner Geburt, der Verlauf seiner Kindheit und Jugend, ja die ganzen ersten 30 Jahre seines Lebens bekannt. Vermutlich – auch das ist nicht erwiesen – gehörte der 1450 in Portugal geborene Dias zu einer Seefahrerfamilie gleichen Namens. Demnach hatten zwei seiner Verwandten der Gilde jener zahllosen Seefahrer und Entdecker angehört, die noch zu Lebzeiten von Prinz Heinrich dem Seefahrer (1394 bis 1460) in dessen Auftrag die westafrikanische Küste entlang immer weiter nach Süden segelten mit dem Ziel, eines Tages einen östlichen Seeweg nach Indien um die Südspitze Afrikas herum zu finden. Ein gewisser João Dias war maßgeblich an der berühmten Expedition des Gil Eanes beteiligt gewesen, der 1434 das berüchtigte Kap Bojador südlich der Kanaren umschifft und damit eine erste psychologische Hürde überwunden hatte. Schließlich herrschte damals die Vorstellung, dass die Erde im Süden immer heißer werden würde und die Schiffe zwangsläufig verbrennen müssten – von irgendwelchen Seeungeheuern einmal abgesehen. Elf Jahre später war es mit Dinis Dias dem ersten Seefahrer gelungen, den westlichsten Punkt Afrikas, das auf Höhe der Kapverdischen Inseln gelegene Kap Verde, zu erreichen. Doch noch war es ein weiter, zeitraubender und beschwerlicher Weg, bis der Traum Heinrichs des Seefahrers in Erfüllung gehen sollte, einen Seeweg um Afrika herum nach Indien zu finden …

In den nächsten drei Jahrzehnten tasteten sich die portugiesischen Seefahrer langsam, aber kontinuierlich immer weiter gen Süden vor. 1475 hatten sie den gesamten Golf von Guinea erschlossen, den Äquator überquert und waren bis zum heutigen Gabun vorgedrungen. Dann aber kam es, bedingt durch Auseinandersetzungen mit dem Königreich Kastilien, zu einem vorläufigen Stillstand der Expansionspolitik Portugals. Aus Neid auf die inzwischen auch wirtschaftlich erfolgreichen Bemühungen der Portugiesen – im Landesinneren hatten sie nahe der Goldküste eine profitable Goldmine erschlossen – versuchten die Kastilier mehrfach, portugiesische Schiffe an der afrikanischen Westküste zu überfallen und ihrer Fracht zu berauben. Erst ein 1480 verabschiedeter Friedensvertrag zwischen den beiden iberischen Königreichen beendete die Auseinandersetzungen und machte den Weg für die Fortsetzung der portugiesischen Expeditionen wieder frei.

Ein Jahr darauf trat Bartolomeu Dias erstmals in Erscheinung, als er Diogo de Azambuja auf dessen Reise als Kapitän eines seiner Schiffe zum Golf von Guinea begleitete. Im Januar 1482 wurde dabei an der Küste des heutigen Ghana die Festung »El Mina« errichtet, ein strategisch wichtiger Handelsstützpunkt und zudem die perfekte Ausgangsbasis für weitere Vorstöße nach Südafrika. Doch bevor Dias das Kommando über seine erste eigene Expedition erhielt, war es dem weitgehend unbekannten Diogo Cão vergönnt, sich auf zwei Reisen der afrikanischen Südspitze weiter zu nähern. Zwar gelangte er 1485 im Verlauf seiner zweiten Fahrt bis zum Kreuzkap und darüber hinaus bis zur »Walvis Bay« (Walfischbucht) an der Küste des heutigen Namibia. Doch seine Hoffnung, die Südspitze Afrikas zu erreichen, erfüllte sich nicht. Enttäuscht und verzweifelt kehrte er nach Lissabon zurück – und verschwand sang- und klanglos von der Bühne der portugiesischen Kolonialpolitik.

Nun war die Zeit reif für Bartolomeu Dias, der inzwischen ein Vertrauter des seit 1481 regierenden Königs Johann II. war. Mit zwei Karavellen und einem Versorgungsschiff stach seine kleine, aber gut bewaffnete Flotte Ende Juli 1487 von Lissabon aus in See. Wie schon bei beiden Cão-Expeditionen herrschte strengste Geheimhaltung, da sich zu jener Zeit in Portugals Hauptstadt einige als Kartenzeichner oder Geografen getarnte Spione der konkurrierenden Seemächte Genua und Venedig aufhielten. Und die sollten keinerlei Hinweise auf die Ausrüstung, die Ziele oder die Ergebnisse der portugiesischen Missionen erhalten. Daher war es untersagt, ein Bordbuch zu führen oder sonstige geografische Aufzeichnungen zu machen. Anhand eines alten Brauchs

– die portugiesischen Entdecker benannten neu entdeckte Orte nach dem Namen der Schutzheiligen des Tages der Entdeckung – ließ sich die Reise aber dennoch recht gut rekonstruieren.

Nachdem das Versorgungsschiff an der westafrikanischen Küste zurückgelassen worden war, passierte Dias' Flotte nach etwa vier Monaten das Kreuzkap. Dann ging es recht schnell Richtung Süden weiter, bis die Schiffe etwa 150 Seemeilen westlich der Küste und nur noch 200 Seemeilen vom »Kap der Guten Hoffnung« entfernt in einen gewaltigen Sturm gerieten, der sie weit aufs offene Meer hinaus abtreiben ließ. Als sich der Sturm gelegt hatte, segelte Dias Richtung Osten, um wieder Kontakt zur Küste zu bekommen. Was er nicht wissen konnte: Das Unwetter hatte die Karavellen weit über die Südspitze Afrikas hinaus nach Süden verschlagen.

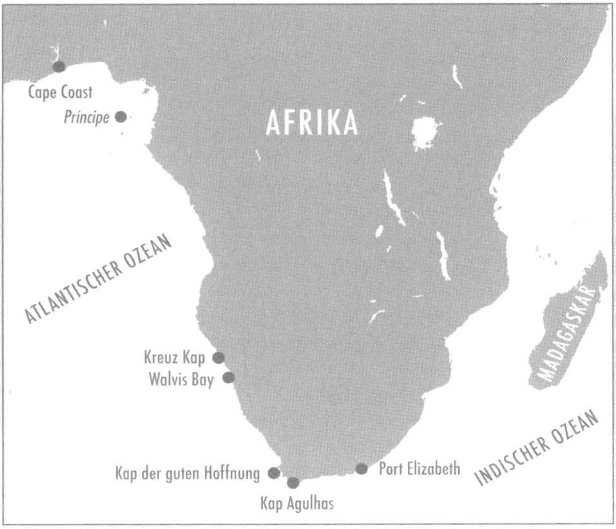


Nachdem auf der Fahrt gen Osten auch nach zwei Wochen noch kein Land in Sicht gekommen war, beschloss Dias nach Norden zu segeln. Als die Schiffe Anfang Februar 1488 endlich wieder Land erreichten und – vermutlich in der heutigen »Fishbay« – an einer west-östlich verlaufenden Küste vor Anker gingen, war Dias klar: Er hatte die

Südspitze Afrikas umfahren und war in den Indischen Ozean gelangt. Entgegen dem Willen seiner völlig erschöpften und zum Teil an Skorbut erkrankten Besatzung ließ Dias die Schiffe zunächst weiter in östlicher Richtung bis zur Mündung des Groot-Flusses unweit der heutigen Stadt Port Elizabeth segeln. Dann aber sah er ein, dass die Weiterfahrt an der Ostküste Afrikas entlang nach Norden, um von dort aus nach Indien überzusetzen, aufgrund des Zustands seiner Mannschaft nicht zu bewältigen war und entschloss sich zur Umkehr.

Auf der Rückfahrt erkundete er noch die Südküste Afrikas und erkannte in Kap Agulhas den südlichsten Zipfel des Kontinents. Die Spitze der etwa 100 Seemeilen nordwestlich davon gelegenen Landzunge nannte er »Kap der Stürme«. Erst nach der Rückkehr der Expedition im Dezember 1488 benannte es König Johann II. höchstpersönlich in das »Kap der Guten Hoffnung« um – als Ausdruck der Zuversicht, nun schon recht bald das große Ziel eines Seewegs um Afrika herum nach Indien zu finden.

Es sollten noch etwa zehn weitere Jahre vergehen, bevor dies Vasco da Gama gelang. Aber das ist ein anderes Kapitel. Dias selbst bereitete diese erste königlich-portugiesische Indienfahrt noch mit vor, indem er den Bau der Schiffe für die Expedition überwachte und als Ratgeber fungierte, war aber entgegen anders lautenden Berichten nicht als Seefahrer daran beteiligt. Nach dem überwältigenden Erfolg von da Gamas Pionierleistung nahm Dias dann aber an der zweiten königlich-portugiesischen Indienfahrt unter Leitung von Pedro Álvares Cabral teil – die ihm, wie eingangs erwähnt, im Mai des Jahres 1500 zum Verhängnis wurde.

# Der große Irrtum eines herausragenden Seefahrers: Christoph Kolumbus

Er gilt – wenigstens in der westlichen Welt – als der berühmteste Seefahrer und Entdecker aller Zeiten: der 1451 in Genua geborene Christoph Kolumbus. Aber warum eigentlich? Schließlich war seine Entdeckung streng genommen gar keine, da vor ihm – von den Ureinwohnern mal ganz abgesehen – schon andere Seefahrer Amerika erreicht hatten. Außerdem war er bis an sein Lebensende davon überzeugt, als Erster den Seeweg nach Indien gefunden, nicht aber eine Insel, ein Land oder gar einen Erdteil entdeckt zu haben.

Kolumbus' enormer Bekanntheitsgrad basiert im Wesentlichen auf der historischen Bedeutung seiner ersten so genannten »Indienfahrt«. Als er am 12. Oktober 1492 mit seiner aus drei Schiffen und etwa 100 Mann Besatzung bestehenden Flotte auf der zur Inselgruppe der Bahamas gehörenden Karibikinsel »Guanahani« landete, markierte dieses Datum den Beginn der Besitzergreifung der Neuen durch die Alte Welt.

Bei der nun folgenden Erkundung, Besiedelung und Ausbeutung Amerikas spielte sein großer Lebensirrtum auch keine Rolle. Entscheidend war einzig und allein die Tatsache, dass er den Grundstein dazu gelegt hatte. Mehr als 15 Jahre lang war Kolumbus mit enormer Beharrlichkeit seinem Ziel gefolgt, eben diesen Seeweg in westlicher Richtung nach Indien zu finden – und dabei das für damalige Zeiten beachtliche Wagnis einzugehen, den Atlantischen Ozean zu durchqueren. Zwar hatten seinerzeit schon einige dieses Vorhaben für möglich gehalten oder gar in Erwägung gezogen, es in die Tat umzusetzen, doch Kolumbus war nun einmal der Erste, der es versuchte und dem es auch gelang. Und selbst wenn er den Kontinent streng genommen nicht entdeckt hat: Sowohl für seine Auftraggeber, die spanische Krone, als auch für die gesamte Alte Welt war es de facto eine Entdeckung – und zwar eine von derart weitreichender Bedeutung, dass sie von Historikern als eines jener epochalen Ereignisse angesehen wird, die den Wandel vom Mittelalter zur Neuzeit begründeten.

Aber bevor er seinen Traum verwirklichen konnte, hatte der aus einer einfachen Weberfamilie stammende Kolumbus einen langen und beschwerlichen Weg hinter sich bringen müssen. Da es über seine Kindheit und Jugend wenig gesicherte Erkenntnisse gibt, ist ungewiss, wann der Genuese mit der Seefahrt in Berührung kam. So soll er seine ersten Seereisen nicht als Seefahrer, sondern als Kaufmann in Diensten eines Handelshauses seiner Heimatstadt im Mittelmeer unternommen haben. Ende 1476 jedenfalls gelangte er in die portugiesische Hauptstadt Lissabon. Zu jener Zeit war Portugal die expandierende See-, Handels- und Wirtschaftsmacht schlechthin, und Kolumbus sah hier größere Chancen für seine persönliche Zukunft als in Genua.

Angeregt von Reiseberichten wie dem des Venezianers Marco Polo über dessen langjährigen Aufenthalt am Hof des Großkhans von Cathay (jener Großkhan war Kublai Khan, der Enkel des legendären Dschingis Khan und Kaiser von China, das Marco Polo »Cathay« nannte), eignete sich Kolumbus beachtliche Kenntnisse über das kosmografische Wissen seiner Zeit an und entwickelte den ehrgeizigen Plan der »Indienfahrt« gen Westen. Allerdings unterliefen ihm bei der Berechnung der Distanz einige gravierende Fehler, die dazu führten, dass er die zurückzulegende Entfernung erheblich geringer einschätzte als die meisten Gelehrten seiner Zeit – und als sie tatsächlich war. Es ging hier immerhin um eine Differenz von etwa 15.000 Kilometern. Ob Kolumbus sich aber vorsätzlich verrechnete, weil sich potenzielle Finanziers und Unterstützer dadurch leichter für seinen Plan gewinnen ließen, ist nicht belegt.

Ende 1483 oder Anfang 1484 durfte er seinen Plan endlich dem portugiesischen König Johann II. vorstellen, der ihn an eine Expertenkommission weiterleitete. Diese aber lehnte Kolumbus' Ansinnen kategorisch ab. Ob seine Fehleinschätzungen oder andere Gründe ausschlaggebend dafür waren, kann nur vermutet werden. Fest steht dagegen, dass er gut ein Jahr später Portugal in Richtung Spanien verließ. Doch als er seine Pläne 1486 dem spanischen Königshof darlegte, erging es ihm nicht anders: Auch hier wurden seine Pläne von Experten geprüft – und letztlich ebenfalls als undurchführbar eingeschätzt.

Trotz seiner Enttäuschung ließ Kolumbus nicht locker und hielt hartnäckig an seinem Ziel fest. Er fand Gönner, Förderer und Unterstützer, doch die notwendige staatliche Legitimierung für eine solche Expedition sollte noch weitere gut fünf Jahre auf sich warten lassen. Schließlich sorgten drei Dinge für den Durchbruch zu seinen Gunsten: erstens die Umschiffung des Kaps der Guten Hoffnung um die Südspitze Afrikas herum durch Bartolomeu Dias im Jahr 1488, die Portugals Chancen verbesserten, den Seeweg nach Asien in östlicher Richtung zu finden; zweitens die endgültige Vertreibung der Mauren aus Spanien, die dem Königspaar Isabella I. von Kastilien und Ferdinand II. von Aragón die Freiheit verlieh, den Plänen des Kolumbus mehr Aufmerksamkeit zu schenken; und drittens die Tatsache, dass das finanzielle Risiko für die spanische Krone dank der privaten Geldgeber kaum ins Gewicht fiel.

Nun gab es nur noch ein Problem: die schier unverschämten Forderungen des Kolumbus, die auch dazu beigetragen haben mögen, dass er von den Herrscherhäusern, denen er seine Pläne bisher vorgestellt hatte, abgewiesen worden war. Die Spanier akzeptierten diese Forderungen schließlich dennoch. In den so genannten »Kapitulationen von Santa Fe« vom 17. April 1492 wurde ihm vertraglich das Amt des Gouverneurs und Vizekönigs über die zu entdeckenden Inseln und Festlande zugesprochen. Zudem sollte er zehn Prozent auf alle sich aus der Nutzung dieser Gebiete ergebenden Erträge erhalten. Mit diesen und weiteren Zusagen war Kolumbus am vorläufigen Ziel seines Vorhabens angelangt.

Nach dreieinhalbmonatiger Vorbereitung stach Kolumbus mit seinem Flaggschiff, der Karacke SANTA MARIA, und den beiden Karavellen NIÑA und PINTA am 3. August 1492 von Não der andalusischen Hafenstadt Palos de la Frontera an der südspanischen Atlantikküste aus in See. Zunächst ging es in Richtung der Kanarischen Inseln, um von dort aus die günstigen Passatwinde auszunutzen. Nach einer reparaturbedingten Unterbrechung begann das eigentliche Abenteuer am 6. September von La Gomera aus. Über die Seereise selbst gibt es unterschiedliche Angaben – zum Beispiel hinsichtlich von Meutereiversuchen der Besatzung oder Unstimmigkeiten zwischen Kolumbus

Angeblicher zeitgenössischer Holzschnitt von Kolumbus' Landung auf der Insel Guanahani im Jahr 1492

und den Kommandanten der Karavellen, den Brüdern Pinzón. Fakt ist, dass er am 12. Oktober 1492 seinen Fuß auf die von den Einheimischen »Guanahani« genannte Bahama-Insel setzte – und damit ein neues, für die Ureinwohner bisweilen äußerst grausames und bisweilen vernichtendes Kapitel der Weltgeschichte seinen Anfang nahm.

Im Laufe dieser ersten »Indienfahrt« sowie während der drei folgenden Expeditionen erkundete Kolumbus bis zum Jahr 1504 eine Vielzahl weiterer Karibik-Inseln und betrat auch erstmals amerikanisches Festland. Doch sein zunächst beachtliches Ansehen verblasste zusehends, zumal der schnelle wirtschaftliche Erfolg seiner Reisen sich nicht wie erwartet einstellte. Auch in seiner Funktion als Gouverneur agierte er wenig glücklich und war bereits 1499 abgesetzt worden. Der zuletzt zurückgezogen im spanischen Valladolid, der Hauptstadt des Königreichs Kastilien, lebende Kolumbus verstarb am 20. Mai 1506 im Alter von vermutlich 54 Jahren.

Knapp ein Jahr nach seinem Tod versah der deutsche Kartograf Martin Waldseemüller den wiederentdeckten Kontinent auf seiner Weltkarte erstmals mit der Bezeichnung »America«. Seiner Auffassung nach galt nicht etwa Kolumbus, sondern dessen italienischer Zeitgenosse Amerigo Vespucci als der eigentliche »Entdecker« der Neuen Welt, weil er in seinen Reiseberichten als Erster von einem neu entdeckten Erdteil ausgegangen war. Und nach der lateinisierten weiblichen Form von Vespuccis Vornamen benannte Waldseemüller diesen Kontinent. Immerhin lebt der Name von Christoph Kolumbus bis heute im Namen eines südamerikanischen Landes weiter: Kolumbien.

## Einer der größten Seefahrer und Entdecker der Welt:

# Vasco da Gama

Mit dem Auftrag, er solle »Christen und Gewürze finden«, schickte der portugiesische König Manuel I. im Jahr 1497 den bis dahin weitgehend unbekannten Vasco da Gama auf eine Reise rund um Afrika in den Indischen Ozean. Schon seit weit über 100 Jahren betrieben die Europäer damals Handel mit Asien. Aus Indien und China bezogen sie Gewürze, Seide und andere begehrte Luxusgüter. Als die Türken im 15. Jahrhundert begannen, Teile des Landwegs, den die Europäer auf dem Weg nach Indien und China nutzten, gebührenpflichtig zu machen, wurden die Waren für die Käufer in Europa immer teurer. Es begann ein Wettlauf mit der Zeit: Die Nation, die als Erste einen Seeweg nach Indien finden würde, wäre allen anderen gegenüber wirtschaftlich im Vorteil. Schon 80 Jahre zuvor hatte Prinz Heinrich »der Seefahrer« den Grundstein für diese Suche gelegt und ab 1418 die ersten portugiesischen Entdecker hinausgeschickt, um eine Schiffsroute nach Indien zu finden. Zunächst jedoch ergebnislos!

Die Portugiesen setzten von Anfang an auf die Umsegelung Afrikas, um von dort aus Indien zu erreichen. Christoph Kolumbus, der schon als 14-jähriger Junge zur Seefahrt kam, begann ebenfalls, einen Plan auszuarbeiten. Er berechnete die Längen- und Breitengrade der Erde und leitete daraus die ungefähre Entfernung zum asiatischen Kontinent in westlicher Richtung ab. Die Distanz schien ihm auf Basis aller zur Verfügung stehenden Seekarten und Informationen geringer zu sein, als sie tatsächlich war. Was er nicht wusste: Auf seinem Weg nach Indien sollte ihm ein noch unbekannter Kontinent den Weg versperren. Aufgrund dieses Irrtums war Kolumbus´ Indienmission von vornherein zum Scheitern verurteilt. Obwohl er selbst bis zu seinem Tode davon überzeugt war, auf dem indischen Kontinent gelandet zu sein – einem Kontinent, dessen Bewohner er dann auch folgerichtig »Indianer« nannte. Das, was Kolumbus 1492 in Richtung Westen nicht gelang, sollte also da Gama schaffen: den Seeweg nach Indien finden. Als der Abenteurer rund zwei Jahre später mit seiner Flotte nach Lissabon zurückkehrte, hatte er zwar keine Gläubigen entdeckt, dafür aber den für Portugal immens wichtigen Seeweg – dorthin, wo der Pfeffer wächst. Damit war der Weg frei für den lukrativen Handel mit kostbaren Gewürzen, die damals in Gold aufgewogen wurden: mit Muskatnüssen, Gewürznelken, Ingwer, Zimt und eben mit Pfeffer. Portugals Aufstieg zur Weltmacht war nun nicht mehr aufzuhalten.

Geboren wurde Vasco da Gama um das Jahr 1469 herum an der Südwestküste Portugals. Seine Eltern, Estêvão da Gama und Isabel Sodré, waren portugiesische Adelige. Daher genoss der junge Vasco eine entsprechend sorgenfreie, ja privilegierte Kindheit. Nach dem Vorbild seines Vaters trat er 1480 noch im Kindesalter in den Ritterorden von Santiago ein. Das war notwendig, um in den Ordensländereien später Erträge erwirtschaften zu dürfen. Er studierte Astronomie und Navigation und sammelte erste Erfahrungen als Seemann und Soldat. Die ruhmreiche Zeit des Ritters Vasco da Gama in der Seefahrt begann 1492 – im Jahr der »Entdeckung« Amerikas durch Christoph Kolumbus. Französische Piraten hatten in dieser Zeit vermehrt portugiesische Handelsschiffe im Hafen von Setúbal und weiter südlich entlang der Algarve angegriffen. Daher erhielt Vasco da Gama von Johann II., dem damaligen König Portugals, den Auftrag, Vergeltungsmaßnahmen an französischen Handelsschiffen durchzuführen. Dies gelang ihm so außerordentlich erfolgreich, dass er schon bald zum Befehlshaber von zwei wichtigen Besitzungen des Ritterordens befördert wurde.

Als König Manuel I. dann im Jahr 1495 den Thron in Portugal bestieg, begann auch für da Gama eine aufregende Zeit. Gegen den ausdrücklichen Rat der Weisen entschied der König schon bald nach seiner Krönung, eine Expedition auszurüsten, um die Suche nach dem Seeweg gen Indien wieder aufzunehmen. Mehr als ein Jahrzehnt lang war diese Suche, nicht zuletzt auch durch die Entdeckung der Neuen Welt, fast in Vergessenheit geraten. Manuel I. beauftragte den erfahrenen Kapitän Bartolomeu Dias damit, Schiffe zu bauen, die der langen Reise standhalten und die gefährlichen Stürme des von ihm entdeckten und umfahrenen Kaps der Guten Hoffnung an der Südspitze Afrikas trotzen konnten. Doch entgegen allen Erwartungen wurde dann nicht Dias, sondern der bisher in der Seefahrt kaum in Erscheinung getretene Vasco da Gama vom König mit dem Oberbefehl für diese Indien-Expedition ausgewählt. Die Gründe für die Entscheidung Manuels I. sind bis heute nicht eindeutig geklärt. Vielleicht glaubte der König, dass für diese Expedition eher ein Diplomat und kriegserfahrener Ritter notwendig war als ein erfahrener Seemann, denn die Route war ja größtenteils bekannt. Andere Quellen verweisen darauf, dass da Gama einfach nur die Nachfolge seines Vaters angetreten haben könnte, der unter König Johann II. einer der wichtigsten Verfechter der Suche des Seewegs nach Indien gewesen war. Gesichert ist jedenfalls, dass da Gama über beste Beziehungen zum jungen König verfügte und dessen volles Vertrauen besaß.

Vasco da Gama startete am 8. Juni 1497 vom Hafen Lissabons aus mit etwa 170 Mann seine Entdeckungsreise. Seine Flotte bestand aus vier Segelschiffen: der SÃO GABRIEL, der SÃO RAFAEL, der SANTA FÉ sowie einem Transportschiff, das zur Versorgung der Besatzung diente. Vor den Männern lag eine beschwerliche und lange Reise, die zahlreiche Seeleute das Leben kosten sollte. Viele erkrankten an Skorbut – einer Krankheit, die durch länger anhaltenden Mangel an Vitamin C entsteht.

Die Bucht von St. Helena an der Küste Südafrikas erreichte der Schiffsverband am 4. November 1497. Danach umsegelte er das Kap der Guten Hoffnung in einem großen Bogen und landete am 25. November 1497 wohlbehalten in der »Mossel-Bay«, einer kleinen Bucht östlich des Kaps der Guten Hoffnung. Von dort aus segelte da Gama lange Zeit

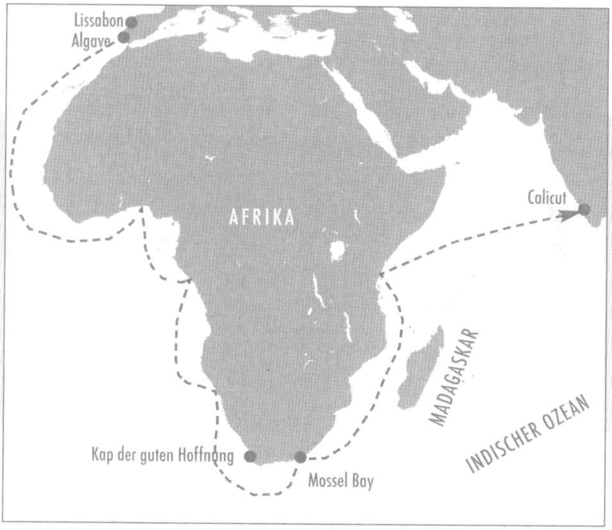


entlang der ostafrikanischen Küste nach Norden. In Mosambik, westlich von Madagaskar, erhielt er erstmals einen Eindruck vom blühenden Handel im Indischen Ozean: Er erblickte arabische Schiffe, voll beladen mit Gold, Silber, Gewürzen, Perlen und Rubinen. Die Araber allerdings waren empört über das Eindringen der Christen in diese Gewässer und versuchten bei Mombasa sogar einmal, die Schiffe zu kapern. Mit Glück gelang es da Gama zu entwischen. Dank der Unterstützung eines befreundeten Sultans bekam die Flotte weiter nördlich einen erfahrenen Navigator für die Fahrt über den Ozean zur indischen Küste. Am 20. Mai 1498 liefen die Schiffe schließlich in der indischen Hafenstadt Calicut, dem heutigen Kozhikode, ein. Erstmalig war es damit einem europäischen Schiff gelungen, über die afrikanische Seepassage nach Indien zu gelangen. Doch auch hier war der Empfang zunächst frostig, zumal in diesem reichen Hafen niemand die billigen Tauschwaren der Portugiesen haben wollte. Immerhin konnte da Gama eine volle Schiffsladung Gewürzproben, einen Brief des Herrschers von Calicut an den König von Portugal und einen ersten Handelsvertrag mit an Bord nehmen.

Am 8. Oktober 1498 machte er sich – reich beladen – auf den Weg zurück nach Portugal. Doch zunächst musste seine Mannschaft die beschwerliche Rückfahrt überstehen, die nicht weniger gefährlich und entbehrungsreich war als die Hinreise. Mit erheblichen Verlusten erreichte da Gama am 9. September 1499 Lissabon – fast zwei Monate nach der Ankunft des ersten Schiffs aus seiner Flotte. Dort wartete ein triumphaler Empfang auf ihn – und eine reiche Belohnung. Für seine Leistung erhielt er eine staatliche Rente, wurde Mitglied des königlichen Hofes und zum Admiral von Indien ernannt.

Bereits ein Jahr später kam es zur zweiten Fahrt einer portugiesischen Flotte nach Indien, im Jahr 1501 zur dritten. An keiner dieser Reisen war Vasco da Gama beteiligt. Erst die vierte Indienreise im Jahr 1502, die der Befriedung von Unruhen dienen sollte, wurde wieder von da Gama angeführt. Diesmal war die Flotte um einiges größer als bei seiner ersten Fahrt: Sie bestand aus 21 Schiffen, die zudem schwer bewaffnet waren. Damit gelang es ihm endgültig, die Position Portugals als führende Macht im indischen Gewürzhandel zu festigen. Und er legte den Grundstein für die späteren Kolonien Portugals in Indien.

Danach konnte Vasco da Gama mit seiner Familie ein ehrenvolles Adelsleben führen. 1519 stieg er sogar in den Hochadel auf, da der König ihm den Titel »Conde de Vidigueira« verlieh und ihn damit in den Grafenstand erhob. 1521 starb König Manuel I. Dessen Nachfolger Johann III. ernannte Vasco da Gama 1524 zum Vizekönig von Indien und schickte ihn zum dritten Mal in die indischen Kolonien, um die zunehmende Korruption der portugiesischen Behörden vor Ort zu bekämpfen. Doch dafür blieb ihm wenig Zeit. Nur drei Monate nach seiner Ankunft verstarb er am 24. Dezember 1524 beim Kampf mit einem untreuen Statthalter und wurde in einer Franziskanerkirche in der indischen Stadt Cochin beerdigt.

# Weltruhm durch eine zufällige Entdeckung: Pedro Álvares Cabral

An der brasilianischen Atlantikküste, etwa 400 Kilometer südlich der ehemaligen Hauptstadt Salvador, liegt das beschauliche Santa Cruz Cabrália. Eigentlich hat dieser Ort, abgesehen von den für den Bundesstaat Bahia typischen kilometerlangen und oft menschenleeren Sandstränden, einer Kirche aus dem 17. und einem ehemaligen Gefängnis aus dem 18. Jahrhundert sowie dem kleinen Hafen mit Fischer- und Touristenbooten, nicht viel zu bieten. Aber dennoch zieht es immer wieder Besucher aus den Großstädten wie Rio de Janeiro oder São Paulo, aber auch aus dem Ausland zu diesem Flecken Erde hin. Hier soll der portugiesische Seefahrer Pedro Álvares Cabral im Jahr 1500 das flächenmäßig größte Land Südamerikas entdeckt und für die portugiesische Krone in Besitz genommen haben.

Wenige Meter vor dem Eingang der historischen Kirche, der »Igreja de Nossa Senhora da Conceição« (Kirche der Jungfrau Maria), befindet sich ein Holzkreuz, das in einen großen eiförmigen Betonsockel eingelassen ist. Wie die Einwohner des nach diesem Symbol und dem berühmten Entdecker benannten Örtchens gern erzählen, ist das Kreuz nicht etwa der Beleg für den Ort, an dem der Portugiese damals als

Erster seinen Fuß auf brasilianischen Boden gesetzt hat, sondern vielmehr der untrügliche Beweis dafür, wo am 26. April des Jahres der Entdeckung die erste Messe auf brasilianischem Boden gehalten wurde. Da auch die ca. 20 Kilometer nördlich gelegene Ortschaft Porto Seguro dieses Privileg für sich beanspruchte, soll das heilige Kreuz (Santa Cruz) in der Vergangenheit des Öfteren gegenseitig gestohlen und an dem jeweils anderen Ort aufgestellt worden sein – bis die Bewohner von Santa Cruz Cabrália es schließlich vor ihrem Gotteshaus einbetonierten und damit ein für allemal Fakten schufen – wenigstens die erste Messe betreffend. Um eventuelle Streitigkeiten hinsichtlich des Ortes zu vermeiden, an dem das Land offiziell entdeckt wurde, erhielt der gesamte Küstenbereich um Santa Cruz Cabrália und Porto Seguro herum die Bezeichnung »Costa do Descobrimento« (Küste der Entdeckung).

Porträt des Entdeckers Brasiliens, des Portugiesen Pedro Álvares Cabral, aus dem Jahr 1817

Allerdings soll bei der Entdeckung Brasiliens der Zufall eine entscheidende Rolle gespielt haben. So jedenfalls lautet die gängige Auffassung, denn als der damals etwa 30-jährige Cabral – weder sein Geburtstag noch das Jahr seiner Geburt sind eindeutig belegt – am 9. März 1500 mit einer Flotte aus 13 Karavellen und etwa 1.200 Mann Besatzung von Lissabon aus in See stach, lautete sein Ziel Calicut an der südindischen Westküste. Zwei Jahre zuvor war der Portugiese Vasco da Gama bei seiner Entdeckung des Seewegs nach Indien in der Nähe von Calicut an Land gegangen, und Cabral hatte von ihm auch wichtige Instruktionen für diese zweite königlich-portugiesische Indienexpedition erhalten. Dazu gehörte vor allem der Hinweis, ab Höhe der Westafrika vorgelagerten Kapverdischen Inseln zuerst gen Süden zu segeln, um die ungünstigen Wind- und Strömungsverhältnisse vor der Küste Südwestafrikas zu umgehen, anschließend hart gegen die südöstlichen Winde zu kreuzen und letztlich erst auf Höhe des Kaps der Guten Hoffnung voll auf Ostkurs zu gehen.

Doch erstens kam es anders und zweitens als geplant: Obwohl zur Flotte des Cabral so erfahrene Seeleute gehörten wie Bartolomeu Dias, dem es zwölf Jahre zuvor als Erstem gelungen war, das Kap der Guten Hoffnung zu umsegeln, oder Nicolão Coelho, der bereits an Vasco da Gamas erfolgreicher Indienfahrt teilgenommen hatte, ging schon auf Höhe der Kapverden eine der 13 Karavellen verloren. Was aber noch

viel schwerer wog: Anstatt nach Süden zu segeln, führte die starke Äquatorialströmung bei gleichzeitiger Flaute dazu, dass die Schiffe unaufhaltsam nach Westen abgetrieben wurden. Nach 44 Tagen auf See, am Abend des 22. April, erblickten die Portugiesen dann endlich Land.

Ein 536 Meter hoher Berg, den sie – es war die Osterwoche des Jahres 1500 – »Monte Pascoal« (Osterberg) nannten, war das erste Zeichen von Land, das die Seeleute der Cabral'schen Expedition an der brasilianischen Küste von ihren Schiffen aus erblickten. Nachdem die Schiffe hier ankerten, schickte Cabral am Morgen des folgenden Tages Coelho und einige Männer mit einem Boot an Land, wo die Ankömmlinge freundlich von Indianern des Tupinambá-Stammes empfangen wurden.

Um seinen Schiffen mehr Schutz zu gewähren, beorderte Cabral die Flotte danach aber weiter gen Norden, wo sie vermutlich in der später »Baia Cabrália« genannten Bucht festmachte. Hier ging er nun selber mit seinen Leuten an Land, ließ einen Altar errichten, ein Holzkreuz mit dem Wappen des portugiesischen Königs in den Boden rammen und eine Messe feiern. Dann bestimmte sein Astronom Meister João die Position des Ortes, und Cabral schickte ein inzwischen leeres Versorgungsschiff mit Informationen über die Landnahme in die Heimat zurück. Nach Erhalt der Nachricht meldete König Emanuel I. beim Papst seinen Anspruch auf das Land gemäß dem Vertrag von Tordesillas an, in dem Portugal und Spanien alle noch neu zu entdeckenden Länder nach festgelegten Kriterien schon 1494 untereinander aufgeteilt hatten. Aus diesem Grund wird im größten südamerikanischen Land – im Gegensatz zu allen anderen Ländern des Subkontinentes – noch heute Portugiesisch und nicht Spanisch gesprochen.

Während er einige eigens zu diesem Zweck mitgeführte Sträflinge zurückließ, die die Sprache und Sitten der Eingeborenen kennen lernen und irgendwann später wieder abgeholt werden sollten, wandte sich Pedro Álvares Cabral seinem ursprünglichen Ziel zu. Am 2. Mai brach er mit den verbliebenen elf Karavellen gen Osten nach Indien auf. Infolge eines schweren Orkans versanken vier der Schiffe im Meer, eines wurde aus den Augen verloren. Mit der restlichen Flotte lief er am 13. September im Hafen von Calicut ein.

Nach teilweise heftigen Auseinandersetzungen mit dort tätigen arabischen Händlern, die sich zu Recht Sorgen um ihre Vormachtstellung im Gewürzhandel machten, verließ Cabral mit fünf voll beladenen Schiffen Indien. Bei der Rückkehr in den Hafen von Lissabon am 23. Juli 1501 wurde der Seefahrer begeistert empfangen. Allerdings nicht wegen der Entdeckung Brasiliens, sondern – trotz der enormen Verluste an Schiffen und Seeleuten – wegen der wirtschaftlichen Bedeutung der letzten Endes erfolgreichen Indienfahrt, denn mit ihr hatte Portugal die arabische Monopolstellung im lukrativen Gewürzhandel beendet.

Cabral selbst aber fuhr nie wieder zur See. Zwar bereitete er die dritte königlich-portugiesische Indienfahrt noch mit vor, doch deren Leitung übernahm Vasco da Gama. Pedro Álvares Cabral zog sich auf ein Landgut bei Santarém zurück, wo er heiratete, Vater von sechs Kindern wurde und vermutlich im Jahr 1520 verstarb.

# Der Mann, der Amerika seinen Namen gab: Amerigo Vespucci

Auf den ersten Blick ist es kurios: Amerigo Vespucci, ein florentinischer Kaufmann und Bankier, zählt zu den wichtigsten Entdeckern der Neuen Welt. Doch wieso? Wie kam er zur Seefahrt? Warum trägt ein ganzer Kontinent seinen Namen? Und welche Leistung lässt ihn heute – völlig zu Recht – auf Augenhöhe mit den namhaftesten Seefahrern und Entdeckern aller Zeiten stehen?

Die Geschichte hat es gewollt, dass Amerigo Vespucci etwa im Jahr 1497 mit Christoph Kolumbus zusammentraf und derart begeistert von dessen Entdeckungsfahrten war, dass er unbedingt selbst eine Seereise gen Westen machen wollte – was 1499 auch geschah. Ob diese Reise im Auftrag des portugiesischen Königs oder für seinen Dienstherrn Lorenzo de Medici erfolgte, ist nicht geklärt. Im Rahmen dieser ersten von mehreren Reisen erkundete und kartierte Vespucci jedenfalls bereits einen erheblichen Teil der südamerikanischen Ostküste und äußerte als erster Forscher seiner Zeit die Vermutung, dass es sich bei der Neuen Welt nicht um Indien oder eine Asien vorgelagerte Inselgruppe, sondern um einen eigenständigen Kontinent handeln müsse. Das widersprach natürlich der These von Kolumbus, der alle neu entdeckten Länder zunächst für Inseln und bis zu seinem Tod für einen Teil Indiens ge-

Zeitgenössische Darstellung des großen Entdeckers Amerigo Vespucci (um 1520)

halten hatte. Die Schlussfolgerungen Vespuccis sind durch seine Briefe an Lorenzo de Medici belegt. Und sie wurden nur wenige Jahre später durch Fernando Magellan bestätigt, als er von 1519 bis 1522 als Erster die Erde umsegelte und dabei an der Ostküste Südamerikas entlang die nach ihm benannte Meeresstraße zwischen dem Festland und den Feuerland-Inseln durchfuhr und so in den Pazifischen Ozean gelangte.

Amerigo Vespucci wurde am 9. März 1451 in Florenz geboren und diente damals der berühmtesten Adelsfamilie seiner Heimat, den Medici, als Handelsagent. So gelangte er berufsbedingt in das Medici-Handelskontor nach Sevilla – in jene Hafenstadt Spaniens, von der aus die Expeditionen in die Neue Welt starteten. Seine Aufgabe bestand darin, genau diese Entdeckungsschiffe mit allem Notwendigen auszurüsten. So kam es in Sevilla auch zu einem Treffen zwischen Vespucci und Kolumbus, der dort ein Schiff für seine Reisen ausstatten ließ. Davon angeregt, begann der Kaufmann und Bankier im Alter von fast 50 Jahren, mit Begeisterung Kosmografie und Astronomie zu studieren, um damit die Grundvoraussetzungen für eine eigene Entdeckungsfahrt zu schaffen. Nach dem Tod des damaligen Leiters des Kontors, Giannotto Berardi, übernahm Vespucci dessen Posten und bekam dann tatsäch-

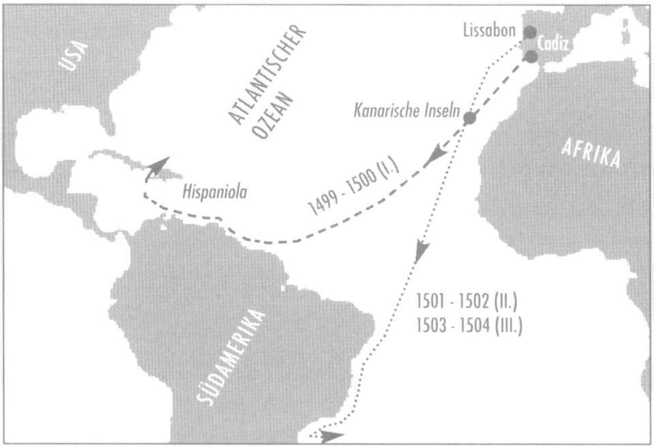


lich die Gelegenheit, in Richtung Neue Welt in See zu stechen. Es ist recht plausibel anzunehmen, dass er für die Bankiersfamilie Medici herausfinden sollte, ob es in dem für die damalige Welt neu entdeckten, aber entlegenen Winkel der Erde verwertbare Güter und Rohstoffe geben könnte. Deshalb schloss sich Vespucci 1499 einer aus zwei Schiffen bestehenden Expedition nach Südamerika an.

Gerade in seiner Rolle als Außenseiter und Amateurseefahrer mit wissenschaftlicher Ausbildung gelang Vespucci ein wesentlicher Beitrag in der Geschichte der frühen Entdeckungen. Denn er war einer der ersten Forscher aus Europa, die ihre sicheren Studierzimmer verließen, um unter Gefahr für Leib und Leben die Realität vor Ort zu erforschen und exakt zu beschreiben. Amerigos breit gefächerte kulturelle Bildung und sein persönlicher Erfahrungshorizont als italienischer Humanist in der iberischen Seefahrt gaben ihm die einmalige Gelegenheit, die glaubwürdige Stimme einer neuen Zeit in der Neuen Welt zu werden. Keiner vor ihm war weiter gereist und musste dabei in größeren Zusammenhängen denken als er. Und so konnte Vespucci in seinen regelmäßigen Briefen, die er an Lorenzo de Medici schickte, von Unglaublichem berichten – und Geschichten erzählen, wie sie noch nie zuvor erzählt worden waren. 1502 schrieb der Forscher als Erster über die Entdeckung Brasiliens sowie 1503/04 über die Neue Welt (Mundus Novus). Seine Berichte »Neue Welt« und »Die vier Seefahrten des Amerigo Vespucci« gelten weltweit als die ersten Ausgaben einer wissenschaftlich betriebenen Geografie aller Zeiten. Sie wurden in fast 40 Sprachen übersetzt und vielfach nachgedruckt. Da Vespucci ein begnadeter Erzähler war, dem hin und wieder auch mal Dichtung und Wahrheit durcheinander gerieten, waren seine Berichte spektakulär – und seine Briefe wurden nach ihrer Veröffentlichung berühmt. Insbesondere Vespuccis Beschreibungen der Einheimischen regte die Fantasie der Europäer an. So schrieb er über die indianischen Frauen, dass sie nackt umherlaufen, überaus wollüstig seien und recht wohlgeformt wären. Als Schlussfolgerung schrieb er: »Sollte es tatsächlich in irgendeinem Teil der Erde das irdische Paradies geben«, so sei es »sicher nicht weit von jenen Regionen entfernt.«

Diesen Bericht bekam natürlich auch Martin Waldseemüller in die Hände, der an der Universität Freiburg Mathematik und Geografie studiert hatte und nun als Kartograf des Herzogs von Lothringen tätig war.

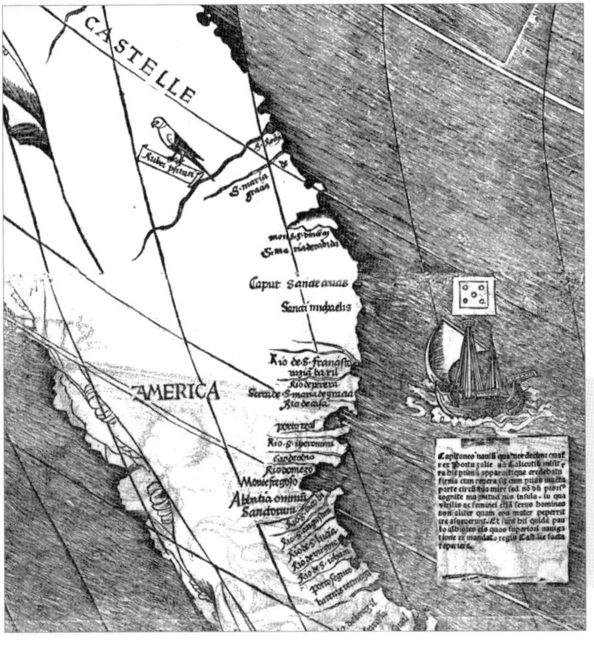


Detailausschnitt Südamerikas einer frühen Kartendarstellung Martin Waldseemüllers von 1507

Anfang des 16. Jahrhunderts beschäftigte er sich gerade mit den Zeichnungen für einen Atlas der neu entdeckten Erdteile, als eine der legendären Reisebeschreibungen Vespuccis erschien – allesamt »Bestseller« der damaligen Zeit. Den Kartenzeichner interessierten dabei weniger die Berichte über nackte Frauen als vielmehr die Bemerkung Vespuccis, er hätte dort »erkannt, dass dieses Land keine Insel, sondern ein Kontinent ist, da sich seine Küsten weithin erstrecken, ohne es jedoch zu umschließen«. Vespucci hatte die Tragweite der neuen Entdeckungen erkannt. Da Waldseemüller den Kaufmann für den Entdecker der Neuen Welt hielt, trug er in seiner neuen Weltkarte an der entsprechenden Stelle dessen Namen ein – der anfangs nur für den Süden, später für den gesamten Kontinent Verwendung fand. 1507 veröffentlichte Waldseemüller seine viel beachtete Weltkarte (»Cosmographiae Introductio«), die als erste Karte überhaupt auch den neuen Kontinent in Grundzügen enthielt. Im dazugehörigen Kommentar schrieben Waldseemüller und sein Mitarbeiter Matthias Ringmann den Hauptanteil an der Entdeckung des Kontinents Amerigo Vespucci zu und gaben ihm den vorläufigen Namen »Amerige« – Land des Amerigus. Tatsächlich hat vor allem die zweite Reise Vespuccis ganz wesentlich zur Beschreibung Südamerikas beigetragen und ein Bewusstsein für die Existenz eines neuen Kontinents geschaffen. Wichtige Verdienste erwarb sich der Entdecker neben kartografischen Arbeiten auch durch die damals beispiellos detaillierten Beschreibungen über Flora und Fauna der Neuen Welt. Bei seinen insgesamt vier Amerika-Reisen, deren Durchführung zum Teil angezweifelt wird, benannte Vespucci zahlreiche Inseln und Städte, deren Namen noch heute gebräuchlich sind. So entdeckte er das Gebiet des Maracaibo-Sees und nannte es wegen der Pfahlbauten der Einheimischen Venezuela (Klein-Venedig). Auch der Name Rio de Janeiro (Fluss des Januars) kam so zustande, da Vespucci die dort am 1. Januar 1502 entdeckte Guanabara-Bucht zunächst für eine Flussmündung hielt.

## Der erste Weltumsegler aller Zeiten:

# Fernando Magellan

»Die Erde ist eine Kugel!« Was der Magister am Lissaboner Hof des portugiesischen Königs Manuel I. den königlichen Pagen beizubringen versuchte, glaubten Ende des 15. Jahrhunderts nur wenige. Die meisten Menschen hielten die Erde nach wie vor für eine Scheibe, die sich zwischen Himmel und Hölle befand. Auch die Pagen, zu denen Fernando Magellan – oder in seiner portugiesischen Muttersprache Fernão de Magalhães – gehörte, waren eher unschlüssig.

Der damals etwa 15- bis 16-jährige Fernão, der um 1480 bei Sabrosa im Norden Portugals das Licht der Welt erblickt hatte, stammte aus einer alten, verarmten Adelsfamilie. Nach seiner Ausbildung am Königshof sollte ihn ein Leben als Kammerherr erwarten. Doch Fernão entschied sich anders. Als die königliche Admiralität Besatzungsmitglieder für eine Flotte suchte, die im Konflikt um indische Gewürzhandelsplätze gegen die konkurrierenden Araber entsandt werden sollte, schrieb sich der junge Adlige in die Liste ein und segelte gen Osten. Acht Jahre blieb er in Indien und Ostafrika, wo er Portugals Machtstellung verteidigen half und schließlich in den Rang eines Kapitäns aufstieg.

Doch er machte sich in dieser Zeit nicht nur Freunde. Seine Kritik an Plänen des Vizekönigs in Indien veranlasste diesen, sich beim König über ihn zu beschweren. Als Magalhães 1512 endlich heimkehrte, musste er feststellen, dass Manuel I. keine Verwendung mehr für ihn hatte.

Anonymes Porträt von Fernando Magellan (16. oder 17. Jahrhundert)

Doch Fernão de Magalhães gab nicht auf. Er wollte wieder zur See fahren – wenn nicht für Portugal, dann eben in anderen Diensten. Unterstützt von Freunden wandte er sich an den spanischen König Karl I. mit einem abenteuerlichen Plan. Er hatte sich an die Lehren des Magisters erinnert. Wenn die Erde eine Kugel war, musste Indien nicht nur in östlicher Richtung zu erreichen sein, sondern auch in westlicher. Dafür musste er eine Meerenge finden, die quer durch den gerade erst entdeckten südamerikanischen Subkontinent in den Pazifik führte. Der junge spanische König ließ sich für den Plan begeistern und machte Magalhães, der in Spanien Fernando Magellanes genannt wurde, zum Generalkapitän einer kleinen Expeditionsflotte.

Am 20. September 1519 verließen Magalhães' Flaggschiff TRINIDAD, die SAN ANTONIO, die CONCEPCIÓN, die VICTORIA und die SANTIAGO mit 240 Mann den südspanischen Atlantikhafen von Sanlúcar de Barrameda. Die fünf Karavellen segelten zunächst an der Westküste Afrikas hin-

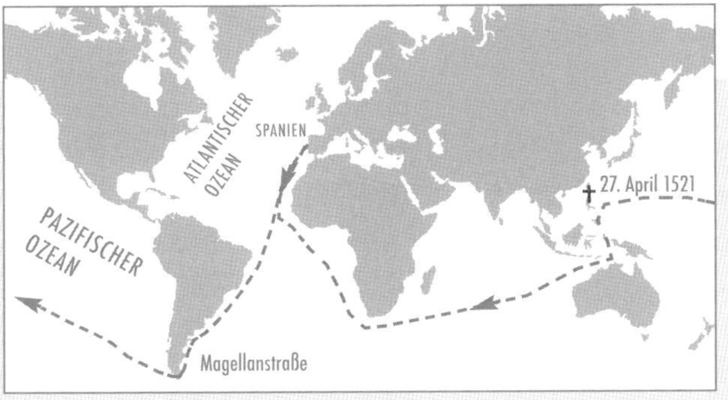


ab nach Süden, um dann bei Sierra Leone zur Überquerung des Atlantiks nach Westen zu steuern. Im Kalmengürtel – mit Kalmen werden die nahezu windstillen Bereiche in Äquatornähe bezeichnet – gerieten die Schiffe drei Wochen lang in eine Flaute. Es gab erste Konflikte zwischen Magalhães und den spanischen Kapitänen, die einen diagonalen Kurs über den Atlantik bevorzugten. Dann endlich frischte der Wind wieder auf, doch die Spannungen blieben.

Mitte Dezember erreichte die Flotte die brasilianische Küste, wo Magalhães seinen Leuten zwei Wochen Erholung gönnte. Gleich nach Weihnachten ließ er wieder Segel setzen, um nun nach der Meerenge zu suchen, die sie in den Pazifik führen sollte. Drei Monate lang fuhren die Schiffe erfolglos die Küste entlang nach Süden. Inzwischen war es in dieser Erdhälfte Herbst geworden. Die Mannschaften hatten mit Stürmen und Hagelwetter zu kämpfen. Schließlich steuerte Magalhães eine unwirtliche, aber geschützte Bucht an der Südspitze Argentiniens an, die er San Julián nannte. Hier wollte er überwintern. Doch die spanischen Kapitäne hatten genug von den fremden Gewässern. Sie forderten die Rückkehr nach Spanien und wagten die offene Meuterei. Als es Magalhães endlich mit einigen Getreuen gelungen war, das Kommando über die Schiffe zurückzugewinnen, machte er kurzen Prozess. Zwei Meuterer wurden an Land ausgesetzt, andere ließ er köpfen, vierteilen und an den Galgen hängen.

Erst Mitte Oktober 1520, mit Frühlingsbeginn, konnte Magalhães die Suche wieder aufnehmen. Schon nach wenigen Tagen entdeckte er eine große Bucht. Er schickte zwei Schiffe voraus, die bald mit der erlösenden Nachricht zurückkehrten, es gebe eine Ausfahrt nach Westen. Die Meerenge war gefunden. Sie zog sich über 585 Kilometer zwischen der Südspitze des südamerikanischen Festlandes und Feuerland hin und maß an manchen Stellen bis zu 30, an anderen gerade einmal drei Kilometer Breite. Die Passage war äußerst schwierig zu befahren. Sie war ein Labyrinth mit vielen Engen, Buchten und widrigen Untiefen. Kurz vor Erreichen des offenen Meeres sandte Magalhães die SAN ANTONIO zur Erforschung aus. Die kehrte stattdessen heimlich um und segelte nach Spanien zurück, mit einem großen Teil der Vorräte an Bord. Doch auch jetzt ließ Magalhães nicht von seinem Ziel ab: Er hatte den Westweg in den Pazifik gefunden und würde nun auch weiter bis nach Indien gelangen.

Am 28. November 1520 fuhr er mit seinen Schiffen aus der Meerenge hinaus auf das offene Meer Richtung Westen. Erst am 6. März 1521 erreichte die Flotte mit ihren halb verhungerten Seeleuten die Insel

Magellans Schiff VICTORIA; Detailausschnitt einer Karte des flämischen Geographen und Kartografen Abraham Ortelius von 1890

Guam im Stillen Ozean. Zwei Tage vorher waren auch die letzten schimmeligen Vorräte zu Ende gegangen. Nach der langen Strapaze ruhten die Männer einige Tage aus und brachen dann erneut auf. Schließlich gelangten sie zu den Philippinen. Magalhães ging auf der Insel Mactan an Land. Doch hier warteten bewaffnete Krieger, denen die Seeleute nicht gewachsen waren. Bei diesem Angriff kam Fernão de Magalhães, der Entdecker der nach ihm benannten Magellan-Straße, am 27. April des Jahres 1521 ums Leben.

Seine Leute flohen und kreuzten danach sechs Monate lang ziellos durch die Südsee, wobei weitere Männer starben und alle Schiffe bis auf die VICTORIA verloren gingen. Sie machte sich im Dezember unter dem Kommando von Juan Sebastian del Cano in westlicher Richtung auf den Weg nach Spanien. Erst am 8. September 1522, also fast genau drei Jahre, nachdem die Flotte in See gestochen war, kehrten 18 Überlebende von der Reise um die Erde in den Hafen von Sanlúcar zurück. Auch wenn er selbst es nicht mehr erleben konnte: Es war die Expedition des Fernão de Magalhães und nicht er selbst, der mit dieser bewegenden Seereise die erste Weltumsegelung aller Zeiten gelungen war.

## Entdecker Kanadas und erfolgreicher Forscher:

# Jacques Cartier

In des Königs Auftrag suchte Jacques Cartier als erster Franzose eine Passage durch Nordamerika – vom Atlantischen zum Pazifischen Ozean. Auf drei offiziellen Reisen fand er weder eine Durchfahrt noch die bei einer solchen Expedition erhofften Schätze. Dafür erforschte Cartier den St.-Lorenz-Strom im Osten Kanadas. Mit seinen Expeditionen begann die früheste Besiedelung der Region durch Europäer. Und auch die Namensgebung für Kanada soll auf den Seefahrer und Entdecker Jacques Cartier zurückgehen. Zusammen mit anderen französischen Kolonisten gründete er die ersten Ansiedlungen am oberen St.-Lorenz-Strom und nannte das Gebiet »Kanatta« – was in der Indianersprache so viel hieß wie »Gruppe kleiner Dörfer«. Anfangs zog vor allem der enorme Naturreichtum Nordamerikas die Aufmerksamkeit der Europäer auf sich. Besonders Briten und Franzosen begannen, das Land zu erforschen. Darunter befanden sich so namhafte Entdecker wie John Cabot (Giovanni Caboto), Henry Hudson und eben auch Jacques Cartier. Ihm folgte später sein Landsmann Samuel Champlain (1567–1635), der durch die Gründung zahlreicher Kolonien entlang des St.-Lorenz-Stroms von Quebec bis Montreal als der eigentliche Vater von »Neu-Frankreich« gilt.

Bevor allerdings diese ersten echten Forscher das Land betraten, suchten die Europäer Anfang des 16. Jahrhunderts hier zunächst nur eins: Fische. Die kühlen Gewässer am nordwestlichen Ende des Atlantiks, vor geheimnisvollen, unergründlichen Ländern gelegen, quollen fast über vor lauter Fischreichtum. Kaum hatte Christoph Kolumbus bewiesen, dass sich die Fahrt über die raue See lohnte, brachen Fischer aus der Alten Welt in Scharen dorthin auf. Die Küsten und das vorhandene Land interessierten sie dabei nicht. Im Gegenteil: Feindlich gesinnte Indianer, Schwärme von Mücken und ein Winter mit einer Härte, die sie in Europa noch nie erlebt hatten, vertrieben vereinzelte Landgänger schon bald wieder, denn sie waren eben nur Fischer und keine Forscher oder Siedler. Dies alles änderte sich allerdings schlagartig im zweiten Drittel des 16. Jahrhunderts. Mit wachsender Unruhe beobachtete Frankreich, wie Spanien und Portugal begannen, die Neue Welt unter sich aufzuteilen. König Franz I. von Frankreich wollte unbedingt eigene Expeditionen starten, um auf der Bühne der kolonialen Weltpolitik mitspielen zu können. Vielleicht hatte auch der Erfolg von Magellans Weltumsegelung (1519 – 1522) den französischen König motiviert, selbst nach einer kürzeren Route nach Asien – nördlich des spanischen Einflussbereichs in der Neuen Welt – suchen zu lassen: über eine Nordwest-Passage. Seine Wahl für die Leitung einer solchen Expedition fiel jedenfalls auf Jacques Cartier.

Schon in jungen Jahren war Cartier, der am 31. Dezember 1491 in Rothéneuf bei Staint-Malo in der Bretagne geboren wurde, zur See gefahren und unter anderem nach Brasilien und Neufundland gereist, bevor er die drei Entdeckungsfahrten unternahm, für die er berühmt werden sollte. 1520 heiratete er Catherine des Granches, die Tochter des Polizeichefs von Staint-Malo. Dieses ebnete ihm den Zugang zu den höchsten Rängen der königlichen Militärverwaltung. In diesen Kreisen lernte er auch den König persönlich kennen, dem seine Erfahrungen als Navigator imponierten. Der erfahrene Seemann Cartier sollte also nun genau diesen Weg – die Nordwest-Passage – für seinen König und für Frankreich finden. Mehr noch: Er sollte die gesamte westliche Erdhalbkugel erforschen.

Am 20. April 1534 brach Jacques Cartier mit etwa 60 Seeleuten und zwei Schiffen von Staint-Malo aus auf und überquerte den Atlantik in 20 Tagen. Von der Meeresstraße »Strait of Belle Isle« aus folgte er dem Nordufer des St.-Lorenz-Golfs und bog dann nach Süden entlang der Küste Neufundlands ab. Auf seiner Weiterfahrt umfuhr er die Magdalenen-Inseln, sowie die Nordspitze der Prince-Edward-Insel und warf seinen Anker in der Chaleur-Bucht. Dort glaubte er, eine Passage in den Pazifik entdeckt zu haben, musste aber feststellen, dass dies nicht der Fall war und kehrte wieder um. In der Bucht war er auf eine Gruppe Irokesen-Indianer gestoßen, die ihn freundlich mit den Worten »Napeu tondamen assurtah« (Wir kommen in Freundschaft) begrüßten. Am nächsten Tag wurde gefeiert und es wurden Handelswaren getauscht. Auf seiner Weiterfahrt zwang ihn ein Sturm in die Bucht von Gaspé, wo er bei einem Landgang mehr als 300 Bewohner aus dem nahe gelegenen Indianerdorf Stadacona (heute Quebec) antraf, die zum Fischen dorthin gekommen waren.

*»Am 24. Tage (des Monats Juli 1534) errichteten wir ein dreißig Fuß hohes Kreuz auf der Landzunge am Eingang des Hafens. Den Querbalken versahen wir mit einem Reliefwappen aus drei Lilien und folgender in Holz geschnitzter Inschrift: ›Es lebe der König von Frankreich‹. Wir errichteten dieses Kreuz vor den Eingeborenen, die uns dabei zusahen. Nachdem es aufgestellt worden war, warfen wir uns auf die Knie, falteten die Hände, beteten es vor ihnen an und bedeuteten ihnen, indem wir zum Himmel aufsahen, dass uns durch dieses Kreuz Erlösung zuteil geworden sei.«*

Auf diese Weise soll Jacques Cartier Neu-Frankreich 1534 offiziell für den französischen König Franz I. in Besitz genommen haben. Dieses Ereignis war erst der Beginn einer Reihe weiterer Expeditionen in die Neue Welt auf der Suche nach der Nordwest-Passage in Richtung Asien. Zwei Söhne des Huronen-Häuptlings Donnacona, Domagaya und Taignoagny, fuhren von nun an auf Cartiers Schiff mit und begleiteten ihn später sogar nach Frankreich. Wegen schlechter Wetterbedingungen übersah Cartier die Einfahrt in den St.-Lorenz-Strom zwischen der Halbinsel Gaspé und der Insel Anticosti. Auf der Fahrt entlang des

Nordufers der Insel entdeckte er zwar eine Passage, konnte dieser aber wegen widriger Winde und Strömungen nicht weiter ins Binnenland folgen. Kurz vor Winteranbruch musste Cartier nach Frankreich aufbrechen – wohl wissend, dass eine zweite Expedition notwendig sein würde, um den St.-Lorenz-Strom als mögliche Nordwest-Passage genauer zu erforschen.

1535, ein Jahr später, brach Cartier erneut auf – ausgerüstet für eine fünfzehnmonatige Reise, auf der er die beiden Ufer des St.-Lorenz-Stroms ab dem Mündungsgebiet erkundete. Am 7. September ging er auf der »Ile d'Orleans«, der zweitgrößten Insel im St.-Lorenz-Strom, an Land. Im Huronendorf Stadacona empfing ihn Häuptling Donnacona freundlich. Wieder wurde gemeinsam gefeiert und Waren ausgetauscht. Von der »Ile d'Orleans« aus erkundete Cartier die Umgebung auf der Suche nach einem passenden Ort, wo er den Winter verbringen konnte. An der Mündung des St.-Charles-Flusses zum St.-Lorenz-Strom

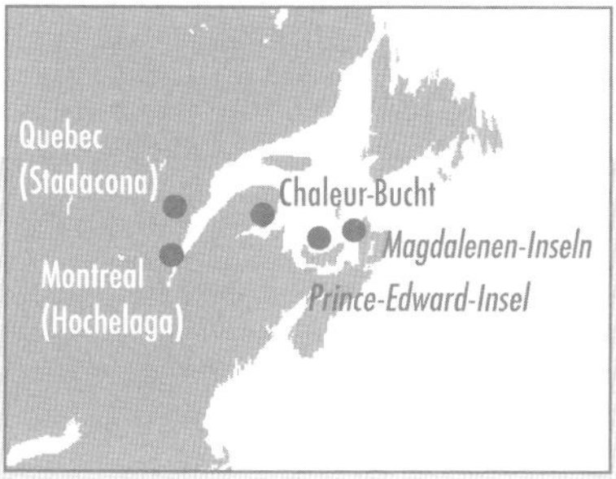


Seekarte zur zweiten Expedition von Jacques Cartier, den St.-Lorenz-Strom hinab

fand er einen natürlichen und geschützten Hafen, der durch die umgebenden Berge vor den Winden geschützt war. Dort ließ er seine beiden größten Schiffe, die GRANDE HERMINE und die PETITE HERMINE, für den Winter ankern.

Trotz der Versuche der Indianer, die Weiterfahrt von Cartier nach Westen zu verhindern, brach dieser an Bord der EMERILLION auf und erreichte das legendäre Indianerlager Hochelaga. Es war an einem Berg gelegen, dem er den Namen »Mont Royal« (königlicher Berg) gab –

Ursprung des heutigen Montreal. Weil sich seine beiden indianischen Dolmetscher geweigert hatten, ihn auf dieser Reise zu begleiten, musste er sich bei seinen Treffen mit den Bewohnern mit Zeichensprache behelfen. Aus diesen Gesprächen glaubte er entnehmen zu können, dass im Westen Städte voll Gold auf ihre Entdeckung warteten. Noch vor dem Wintereinbruch kehrte er aber schließlich zu der Stelle zurück, an der er seine anderen Schiffe zurückgelassen hatte.

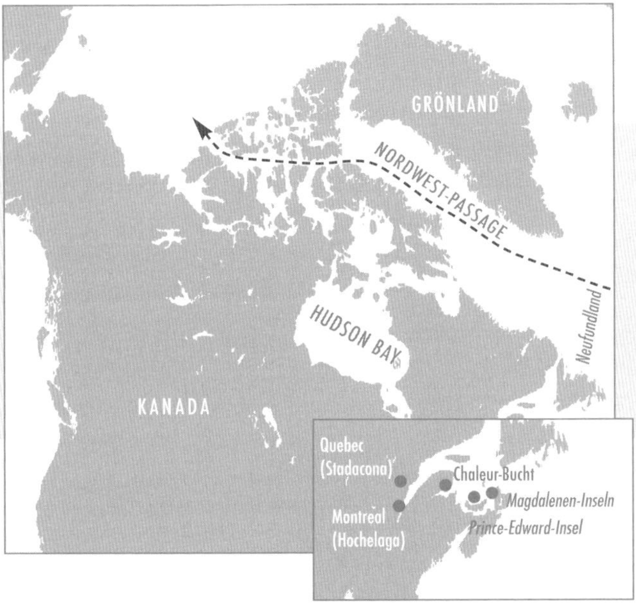


Der erste Winter in Kanada war eine harte Prüfung für Cartiers Besatzung. Nahrungsmittel und Getränke gefroren in den Schiffslagerräumen, die als Zuflucht vor den Elementen dienten. Zudem fehlten vitaminhaltige Lebensmittel, und die Mannschaft lebte hauptsächlich von getrocknetem oder gesalzenem Fleisch. Bald brach Skorbut unter den Seeleuten aus, eine Krankheit, die durch den anhaltenden Mangel an Vitamin C verursacht wird. Damals waren jedoch die Ursachen dieser Krankheit unbekannt. Bis Mitte Februar waren fast alle Besatzungsmitglieder erkrankt. Hinzu kam, dass Cartier sich unter den Indianern nicht sicher fühlte. Er befürchtete einen Angriff, sobald sie die Schwächung seiner Männer bemerkten. Daher befahl er ihnen, Lärm zu machen, wann immer sich die Eingeborenen näherten. Die Rettung kam jedoch von den Indianern. Domagaya war während des Winters ebenfalls an Skorbut erkrankt, was Cartier nicht verborgen blieb. Kurze Zeit später war er jedoch wieder gesund. Der Häuptlingssohn erzählte ihm, dass er sich durch einen Trank aus der Rinde und den Nadeln der Weißzeder geheilt hatte. Diese Rezeptur wurde als eine Art Tee nun der gesamten Schiffscrew verabreicht. Ihr war zu verdanken, dass nur wenige Seeleute in diesem Winter starben. Der Rest überlebte dank der Heilkraft der indianischen Kräutermedizin.

Trotz dieser Hilfe blieben die Spannungen zwischen den Franzosen und den Indianern bestehen. Cartier hatte einen Palisadenzaun um seine Schiffe errichten lassen. Aber dieser reichte nicht aus, die Bedenken der Seefahrer zu besänftigen. Domagaya und Taignoagny versuchten, die anderen Dorfbewohner davon abzuhalten, mit den Seeleuten Waren zu tauschen, die in ihren Augen wertlos waren. Trotz eines gemeinsamen Festes blieb die Stimmung angespannt. Als Häuptling Donnacona und seine Huronen im April von einer zweimonatigen Jagd zurückkehrten und unbekannte Männer mitbrachten, befürchtete Cartier einen Angriff. Kurzerhand ließ er Häuptling Donnacona und seine beiden Söhne Domagaya und Taignoagny gefangen nehmen. Solange sie seine Geiseln waren, waren er und seine Männer sicher. Außerdem konnten sie dem französischen König von den großen Reichtümern Kanadas erzählen, von denen er während seines Aufenthalts bei ihnen gehört hatte. So geschah es dann auch!

Die indianischen Geiseln waren in ihren Erzählungen von den Reichtümern Kanadas so überzeugend, dass König Franz I. 1542 eine dritte Expedition unter der Leitung von Jean-François de LaRocque de Roberval ausschickte mit dem Auftrag, das Land zu besiedeln. Cartier war ein Jahr vor der neuen Expedition bereits nach Kanada zurückgekehrt, hatte ein Fort an der Mündung des Saguenay-Flusses angelegt und auch das Indianerdorf Stadacona wieder besucht. Dabei konnte er eine große Anzahl an Diamanten und Gold sammeln, wie er annahm. Tatsächlich hatte er aber nur Quarz und Eisenpyrit gefunden. Bei seinem zweiten Besuch in Hochelaga musste er erkennen, dass die Weiterfahrt auf dem St.-Lorenz-Strom hinter den Stromschnellen von Lachine schwierig war. So verbrachte er den nächsten Winter in seinem Fort, das er »Charlesbourg-Royal« nannte. In diesem Winter wurden 35 seiner Männer bei Indianerüberfällen getötet. Die Indianer waren den Franzosen nicht mehr freundlich gesinnt, nachdem sie erkannt hatten, dass diese gekommen waren, um sich hier niederzulassen. Cartiers »sensationelle« Edelmetallfunde veranlassten den Entdecker, im folgenden Frühjahr mit großer Euphorie aufzubrechen und möglichst schnell nach Frankreich zurückzukehren. Unterwegs traf er die Schiffe Robervals, dessen späterer Siedlungsversuch zum Scheitern verurteilt war. Und Cartier musste nach seiner Rückkehr in Frankreich schmerzlich feststellen, dass das, was er für Gold und Diamanten gehalten hatte, vollkommen wertlos war.

Vergeblich versuchte der Entdecker daher, auf die Wichtigkeit der von ihm entdeckten Gebiete in Nordamerika aufmerksam zu machen – ohne Erfolg. So blieb seine Bilanz als Seefahrer und Entdecker am Ende doch vergleichsweise bescheiden. Nach seinen drei Fahrten lebte er zurückgezogen in Staint-Malo. Was Jacques Cartier aber tatsächlich als einer der Ersten entdeckte, war ein Gegenmittel gegen die gefürchtete Seefahrerkrankheit Skorbut. Diese unerklärliche Krankheit war bei Seefahrern jener Tage äußerst gefürchtet. Die Nahrung der Seefahrer bestand damals hauptsächlich aus Nahrungsmitteln, die praktisch kein Vitamin C enthielten: Schiffszwieback, Pökelfleisch und Heilbutt. Lange Zeit wurde Skorbut für eine ansteckende Krankheit gehalten, da der Zusammenhang mit der Ernährung nicht unmittelbar zu erkennen war. Beim Menschen kommt es erst nach einem monatelang andauernden Vitamin-C-Mangel zu den typischen Symptomen. Der portugiesische Seefahrer Vasco da Gama verlor 1498 bei seiner Fahrt um das Kap der Guten Hoffnung in Afrika etwa 100 von seinen insgesamt 160 Männern durch Skorbut. Jacques Cartier, der auf seiner zweiten Seereise 1541/1542 bei der Erforschung des St.-Lorenz-Stromes mit seinen Schiffen im kanadischen Eis überwintern musste, beschrieb die Situation in seinem Logbuch so:

*»Eine unbekannte Krankheit begann sich unter uns auf die härteste Art, die je gehört oder gesehen wurde, auszubreiten. Einige verloren all ihre Kraft und konnten nicht mehr auf den Füßen stehen. Dann schwollen ihre Beine. Ihre Muskeln schrumpften ein und wurden schwarz wie Kohle. Andere hatten ihre Haut gefleckt mit blutigen Stellen von purpurner Farbe. Dann stieg es hinauf zu ihren Fußknöcheln, Schenkeln, Schultern, Armen und Nacken. Ihre Münder wurden stinkend. Ihr Zahnfleisch wurde so faul, dass alles Fleisch bis zu den Wurzeln der Zähne abfiel und diese beinahe alle ausfielen. Mit solcher Ansteckungskraft breitete sich die Krankheit über unsere drei Schiffe aus, dass Mitte Februar von den 100 Personen … keine zehn mehr gesund waren.«*

Die Seefahrer Jacques Cartier und John Hawkins bemerkten wohl als Erste, dass Skorbut durch den Verzehr von frischem Gemüse und Früchten verhindert werden konnte. Viele Jahrzehnte später empfahl Dr. James Lind, ein erfahrener britischer Marinearzt, 1753 in Edinburgh Sauerkraut, Zitronen, Orangen und Apfelwein gegen Skorbut. Gegen Ende des 18. Jahrhunderts bekamen die britischen Seeleute üblicherweise Zitronen- oder Limonensaft zu trinken, um das Auftreten von Skorbut zu verhindern. Deshalb wurden sie von den frühen Amerikanern auch als »lime-juicers« (übersetzt etwa »Limonensafttrinker«) bezeichnet. Dieser eher abfällige Begriff »limey« für die Briten hat sich in Amerika bis heute gehalten. Erst im Jahr 1919 schlug der Arzt Sir Jack Drummer vor, jenen Wirkstoff, der gegen Skorbut wirkte, mit dem Buchstaben »C« zu bezeichnen. Damit hatte das Vitamin jetzt endlich einen eigenen Namen.

## Berühmter, aber glückloser Entdecker in Nordamerika:

# Henry Hudson

Eigentlich ist – bei Licht betrachtet – die Erfolgsgeschichte des Seefahrers Henry Hudson nicht so, wie es oberflächlich scheinen mag. Geboren wurde Hudson um das Jahr 1565 in London. Später machten ihn seine insgesamt vier Entdeckungsreisen berühmt. Doch obwohl er jeweils ruhmreich heimkehrte und sowohl ein Fluss, eine Meerenge und auch die größte Meeresbucht Nordamerikas nach ihm benannt wurden, ist er im Grunde vier Mal gescheitert. Hudson war ein mutiger, aber glückloser Entdecker. Denn obwohl er viel Interessantes entdeckte, konnte er seine eigentliche Aufgabe nie erfüllen: die Nordwest-Passage zu finden, einen verkürzten Seeweg nach Asien. Genau deshalb wurde Hudson aber ab 1607 von seinen wechselnden Auftraggebern immer wieder angeheuert – allen voran vom damals größten Konzern der Welt, der »Vereenigden Oostindischen Compagnie« (VOC), der Niederländischen Ostindien-Kompanie. Sie hielt das Handelsmonopol mit dem Fernen Osten, und ihre Dreimaster brachten vor allem teure Gewürze von den Molukken-Inseln bei Indonesien quer über die damals bekannten Weltmeere um Afrika herum nach Europa. Hudson sollte durch seine Entdeckungen helfen, diesen langen Seeweg abzukürzen – zumal diese Passage wegen der Piraterie längst auch gefährlich und verlustreich geworden war. Hudson war natürlich ebenso ehrgeizig wie seine Auftraggeber. Doch ihm ging es nicht um Gewinne. Er wollte einen Platz auf der Liste der großen Entdecker bekommen, in der sich zu seiner Zeit schon die Herren Kolumbus, Magellan, da Gama und andere verewigt hatten.

Im 16. und 17. Jahrhundert gab es im Grunde zwei zentrale Motive für europäische Seefahrer, westwärts zu segeln: um einen kürzeren Seeweg nach Indien zu finden oder um die Kugelgestalt der Erde unter Beweis zu stellen. Weil der neue Kontinent Amerika dazwischen lag, rückte die Neue Welt natürlich immer tiefer in das Bewusstsein der Europäer. Dem »Entdecker« Kolumbus folgten daher zahlreiche Seeleute, die seine Suche nach einem Seeweg Richtung Asien fortsetzten. Doch das nördliche Nordamerika »versperrte« ihnen regelmäßig den Weg. Und das mit einer Landmasse, deren Dimensionen keiner der frühen Seeleute und Entdecker ahnen konnte. So ging es auch Henry Hudson. An der Theorie einer nördlichen Passage scheiterte er wie die meisten Seefahrer jener Tage. Doch was sie entdeckten, kartierten, beschrieben und vermaßen, machte Nordamerika bekannter, attraktiver und die Kenntnisse über die geografischen Gegebenheiten präziser. Zu dieser Erforschung hat Hudson ganz entscheidend beigetragen, denn in seinen Logbüchern, die erhalten geblieben sind, finden sich zahllose Aufzeichnungen, die für spätere Seefahrer enorm hilfreich waren. Erst Anfang des 20. Jahrhunderts konnte die Nordwest-Passage erstmals mit einem Wasserfahrzeug vollständig befahren werden: durch Roald Amundsen im Jahr 1906.

Die Nordwest-Verbindung, die Henry Hudson bereits 1609 finden sollte, rückt aktuell durch die Klimaerwärmung wieder ins internationale Blickfeld. Vor gut 400 Jahren hatte Hudson aber bereits mit der Niederländischen Ostindien-Kompanie vertraglich vereinbart, bis September 1609 auf diesem Weg nach China zu gelangen. Dafür erhielt er damals 800 Gulden. Doch es kam anders! Am 4. April 1609 stach die HALVE MAEN (Halbmond) von Amsterdam aus in See. Wie manch anderer Seemann hielt auch Henry Hudson nicht viel davon, Befehle zu befolgen. Statt also einen Seeweg von Europa nach Asien zu suchen – quer durch den Norden des Eismeeres und die kalte Arktis, nördlich um den neuen Kontinent herum –, änderte er kurzerhand den Kurs. Denn Hudson war fest davon überzeugt, auch eine Asienroute mitten durch Nordamerika zu finden. Dieser Kurs konnte dabei in nordöstlicher und in nordwestlicher Richtung liegen. Und so unternahm Hudson neben vielfachen Vorstößen und Versuchen an der nordamerikanischen Ost-

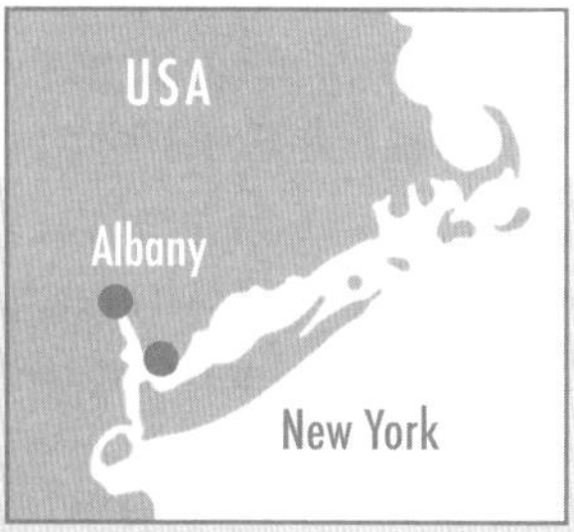


Detailausschnitt vom Osten Nordamerikas; Hudson-River mit New York

küste auch vier offizielle Reisen, bei denen er interessante Entdeckungen machte. Bucht für Bucht suchte er die Ostküste des unbekannten Kontinents ab. Und tatsächlich schien er einen Durchbruch gefunden zu haben, als er tagelang eine Bucht erkundete und dem Wasser ins Inland folgte. Er erforschte damals das Mündungsgebiet eines Flusses, der später seinen Namen bekam: den »Hudson River«. Und der Entdecker kam auch an jener Stelle vorbei, an der sich heute eine der größten Städte der Erde befindet: New York. Am 11. September 1609 ankerte Henry Hudson nicht wie geplant in China, sondern tatsächlich als erster Europäer vor einer Insel, die von den Eingeborenen »manna hata« genannt wurde – was in der Sprache der Einheimischen angeblich »Die Insel, auf der alle besoffen werden« bedeuten soll. Andere Quellen deuten den Begriff weniger spektakulär auch mit »hügeliges Land«. Dieses Gebiet nahm er für die Niederländer in Besitz, die dort fünf Jahre später ihre erste Kolonie gründeten: Neu-Amsterdam. Die Ansiedlung bestand nur aus ein paar Straßen mit kleinen Häuschen, einer Kirche, einer Windmühle und dem Fort Amsterdam, das die Kolonie zur See hin schützen sollte. Die Hauptstraße war der Broadway – ein uralter Indianerpfad. In nur 400 Jahren wurde aus der kleinen grünen Urwaldinsel Manhattan der heutige Großstadtdschungel. 1664 eroberten übrigens die Engländer Manhattan. Seither heißt diese Ansiedlung New York.

Im Dienste der Niederländer fuhr Hudson schließlich noch weiter: den »Hudson River« hinunter bis zu den Stromschnellen in der Nähe von Albany im heutigen Bundesstaat New York. Im April 1610 brach Hudson, diesmal im Auftrag der Briten, mit seinem neuen Schiff DISCOVERY und 21 Mann Besatzung zu einer Reise ins Ungewisse auf. Im Juni 1610 erreichten sie die später nach ihm benannte Meerenge. Aufgrund der vorhandenen Ebbe- und Flutbewegungen des Wassers vermutete Hudson einen Seeweg zum Pazifik, den er konsequent verfolgte.

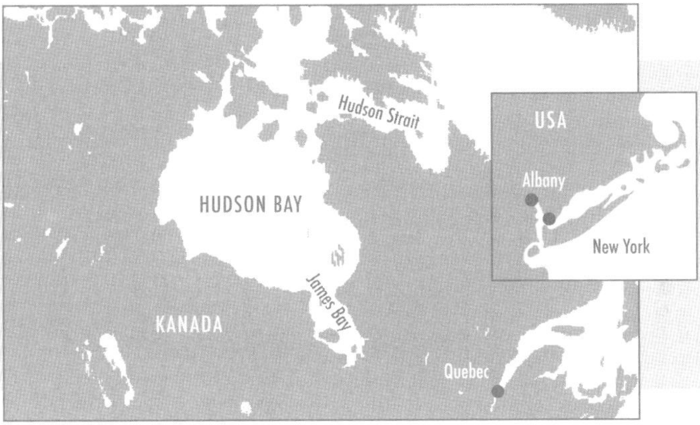


Die DISCOVERY erreichte schließlich die riesige, später ebenfalls nach Hudson benannte Bucht, die für die Besiedlung Kanadas einmal enorme Bedeutung bekommen sollte, denn die »Hudson Bay« erlaubte in ihrer eisfreien Periode ein schnelles Vordringen bis weit in die Provinzen Manitoba, Saskatchewan und in die Territorien Nunavut und Northwest. In der »James Bay« glaubte Hudson schließlich, endlich im Pazifik zu sein – auf seinem Weg nach China. Deshalb steuerte er südwärts. Tatsächlich befand sich sein Schiff jedoch nur in einem cirka 400 Kilometer langen und 230 Kilometer breiten Fortsatz der Hudson Bay, also einer Sackgasse! Aufgrund dieser Fehleinschätzung wurde Hudson vom frühen Winter überrascht, der seine Expedition monatelang festhalten sollte. Weder Kleidung noch die Lebensmittelvorräte waren für die arktischen Bedingungen geeignet. Es herrschten Krankheit und Hunger. Im Frühjahr 1611 fasste er dann den Mut, aufzubrechen und nach England zurückzukehren. Doch seine von Hunger und Kälte zermürbte Mannschaft meuterte. Ende Juni 1611 wurde Hudson zusammen mit einigen Mannschaftsmitgliedern in einem kleinen Beiboot ausgesetzt. Danach verlor sich seine Spur. Niemand hat jemals wieder von ihnen gehört. 1631 folgte der spätere Namensgeber der »James Bay«, Thomas James, den Spuren von Henry Hudson, um die Nordwest-Passage zu finden und das Nordpolarmeer zu erforschen.

# Der bedeutendste Seefahrer des 18. Jahrhunderts: James Cook

Trotz all seiner herausragenden Fähigkeiten, Leistungen und Verdienste als Seefahrer, Entdecker und Kartograf hatte James Cook zunächst vor allem eines: enormes Glück. Denn wäre der am 27. Oktober 1728 in einer kleinen strohgedeckten Lehmhütte im ländlichen Marton-in-Cleveland an der Nordostküste Englands geborene James beruflich in die Fußstapfen seines Vaters getreten, hätte er sich aller Voraussicht nach mit der Tätigkeit eines Tagelöhners oder einfachen Landarbeiters zufrieden geben müssen. Doch nach dem Umzug der Familie in das nahe gelegene Dorf Ayton muss der damals Achtjährige dem neuen Dienstherrn seines Vaters, dem Farmer Thomas Skottowe, auf irgendeine Art und Weise angenehm aufgefallen sein – schließlich finanzierte dieser ihm fortan den Besuch der Dorfschule. So gelangte James in den Genuss einer soliden Schulausbildung, ohne dabei allerdings durch besondere Eigenschaften positiv aufzufallen – bis auf eine: sein entschlossenes Festhalten an eigenen Vorhaben, und zwar egal, was seine Schulkameraden dazu sagten oder selber vorhatten.

Nachdem er auf Wunsch seines Vaters mit 16 oder 17 Jahren im benachbarten Staithes in einem Gemischt- und Kurzwarenladen eine Lehre begonnen hatte, brach er diese nach etwa eineinhalb Jahren ab, um sich ganz seinem großen Ziel zu widmen: der Seefahrt. 1746 ging er in die Hafenstadt Whitby im Nordosten der Grafschaft Yorkshire, wo er in dem Reeder John Walker einen neuen Lehrmeister fand. Zu jener Zeit wurden in Whitby, einem bedeutenden Zentrum des englischen Schiffbaus, die Frachtschiffe für Kohletransporte vom benachbarten Newcastle aus hergestellt. Auf den robusten, dickbäuchigen Kohletransportschiffen lernte Cook das Handwerk des Seefahrens unter Segeln von der Pike auf. Während die meisten Fahrten London zum Ziel hatten, führten andere Routen nach Irland, in die Ostsee und sogar bis ins Mittelmeer. Der wissbegierige Cook erwarb sich in dieser Zeit durch intensive Studien auch profunde theoretische Kenntnisse und stieg nach Ende seiner Lehrzeit relativ schnell zum Vollmatrosen und Steuermann auf. Sein Arbeitgeber bot ihm schließlich – Cook war damals erst 27 Jahre alt – die Position eines Kapitäns an. Doch was für viele ambitionierte Seeleute seiner Zeit schon das Ziel ihrer Träume gewesen wäre, bedeutete Cook nicht alles. Er lehnte Walkers Angebot ab und nahm stattdessen eine deutlich schlechter dotierte Stellung als Vollmatrose bei der »Royal Navy« an, der Königlich-Britischen Marine.

Darstellung der Original-Unterschrift eines der größten Seefahrer und Entdecker aller Zeiten: James Cook

Warum er diese Entscheidung gegen eine sichere, gut bezahlte und für einen Mann seiner Herkunft erstrebenswerte Position traf, lässt sich nur vermuten. Zum einen befand sich England am Vorabend eines Krieges gegen Frankreich um die überseeischen Kolonien speziell in Nordamerika. Ein Kriegsausbruch hätte den Bedarf der »Royal Navy« an erfahrenen Seeleuten sprunghaft ansteigen lassen und massenhaft Zwangsrekrutierungen nach sich gezogen, so dass er ohnehin bei der

↑ Modell eines typischen Wikinger-Langschiffs, zu sehen im Deck 2 des Internationalen Maritimen Museums Hamburg (IMMH)

↓ Modell eines Transportschiffes aus der Flotte des chinesischen Seefahrers Zheng He, ebenfalls ausgestellt im Deck 2 des Internationalen Maritimen Museums Hamburg (IMMH)

Leif Eriksson

Zheng He

Bartolomeu Dias

Christoph Kolumbus

Vasco da Gama

Fernando Magellan

James Cook

*Die auf dieser Doppelseite wiedergegebenen Bronze-Porträtbüsten von sieben herausragenden Seefahrern und Entdeckern wurden von dem Künstler Ulrich Rölfing geschaffen. Sie befinden sich im Deck 1 des Internationalen Maritimen Museums Hamburg (IMMH), das sich unter anderem der Entdeckung der Erde widmet.*

↑ Heinrich der Seefahrer

↑ Christoph Kolumbus

↓ Die vermutlich von Christoph Kolumbus und seinem Bruder Bartolomeo im Jahr 1490 entworfene Weltkarte

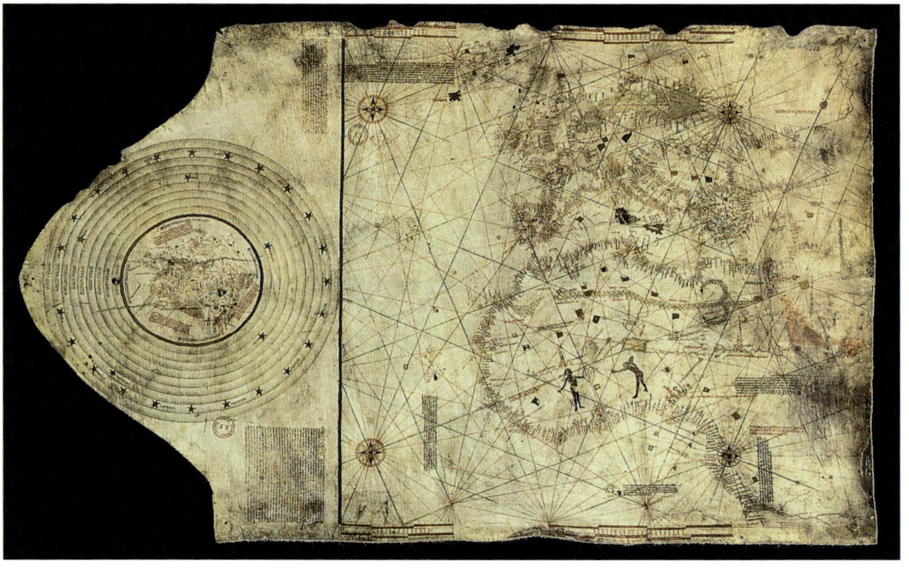

← Das so genannte »Ei des Cabral« vor der Kirche »Igreja de Nossa Senhora de Conçeicão« in Santa Cruz Cabrália an der »Küste der Entdeckung« im brasilianischen Bundesstaat Bahia

*Die Aufnahme links zeigt – aus dem Inneren der Kirche heraus aufgenommen – den eiförmigen Betonsockel mit dem darin eingelassenen Holzkreuz, das den Ort der ersten katholischen Messe auf brasilianischem Boden symbolisieren soll. In Anlehnung an das legendäre »Ei des Kolumbus« – das eine historisch nicht belegte Geschichte zurückgeht – wird der Sockel auch als »Ei des Cabral« bezeichnet.*

↓ Die Küste südlich von Santa Cruz Cabrália, wo Pedro Álvares Cabral im Jahr 1500 die erste Messe auf brasilianischem Boden abgehalten haben soll.

↑ Jacques Cartier

↑ Vasco da Gama

↑ Zeitgenössischer Eindruck des Hafens von Calicut an der westindischen Malibar-Küste (1572)

↑ Eines der bekanntesten Porträts von James Cook (1775)

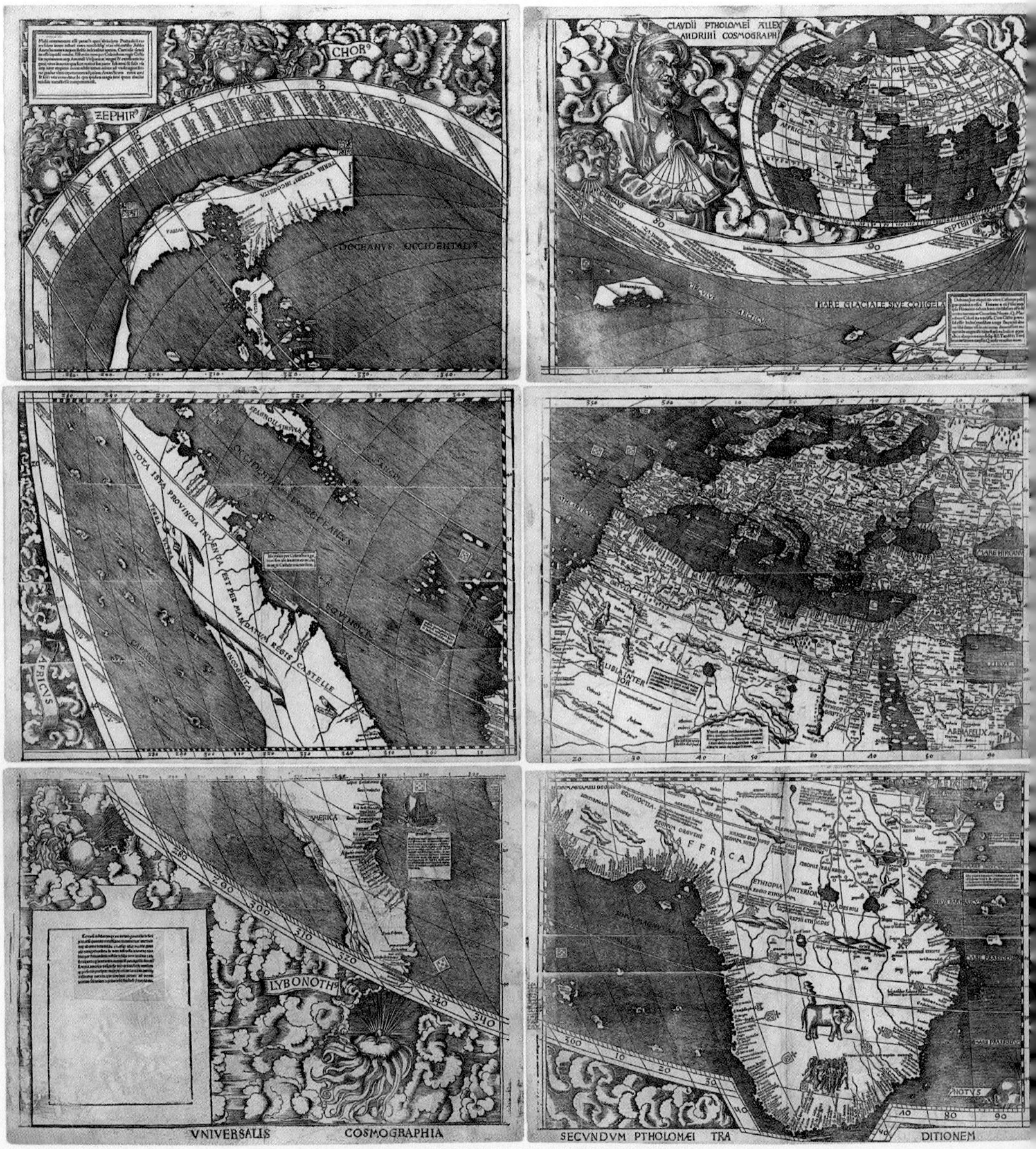


Die berühmte Waldseemüller-Karte des Jahres 1507 – erstmals taucht darin der Name »America« auf.

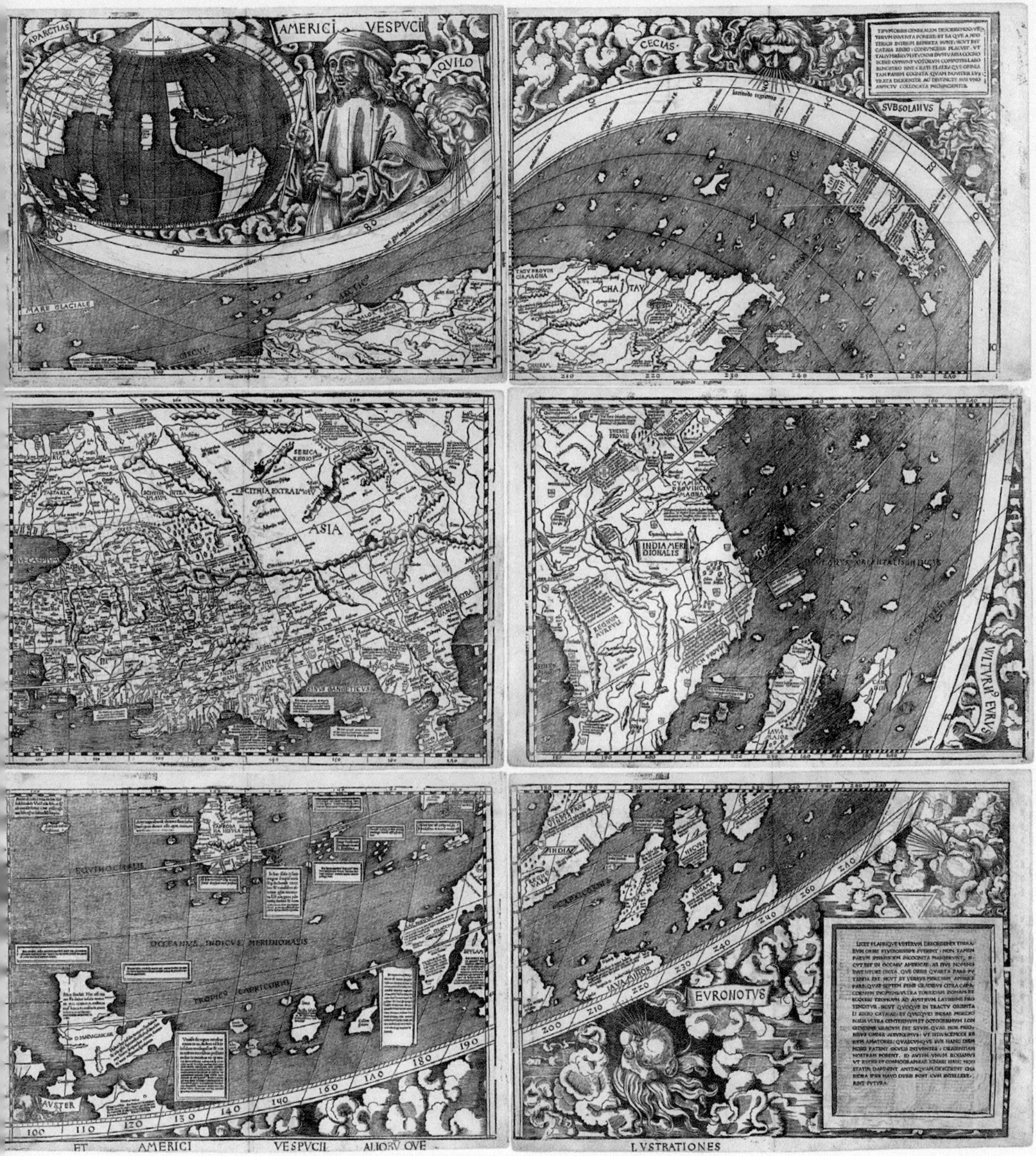
AMERICI VESPUCII
APARCTIAS
AQUILO
MARE GLACIALE
CECIAS
SUBSOLANUS
CHATAY
ASIA
SCITHIA EXTRA IMAUM
SERICA REGIO
INDIA MERIDIONALIS
VULTURN9 EURUS
EQUINOCTIALIS
OCEANUS INDICUS MERIDIONALIS
TROPICUS CAPRICORNI
INDIA
IAVA MAIOR
EURONOTUS
AUSTER
ET AMERICI VESPUCII ALIORU QUE LUSTRATIONES

↑ James Cook's Schiffe RESOLUTION und ADVENTURE vor Anker liegend in der Matavai-Bucht von Tahiti (1776)

↑ La Pérouse erläutert König Louis XVI. von Frankreich die Pläne seiner Südsee-Expedition

↑ Vom Freibeuter und Piraten zum Gouverneur der Bahamas:
Woodes Rogers (rechts, im Sessel sitzend)

↑ Blick auf Manhattan in einer Luftaufnahme des Jahres 1931

↑ Die originalgetreue Nachbildung des Schädels von Klaus Störtebeker, ausgestellt im Internationalen Maritimen Museum Hamburg (IMMH)

↑ Der niederländische Freibeuter Piet Pieterszoon Heyn

↑ Der französischstämmige Pirat Jean Lafitte

↑ Der genuesische Admiral Andrea Doria, Gegenspieler der Piratenbrüder »Barbarossa«

↑ Sultan Süleyman I. (der Prächtige), der berühmteste Herrscher über das Osmanische Reich

Die JESUS VON LÜBECK, einst Prachtschiff der Hanse und später in britischen Diensten

königlichen Marine gelandet wäre. Zum anderen hätte Cook als Kapitän eines Kohlefrachters vermutlich schon den Gipfel seiner Seefahrerlaufbahn erreicht und wäre wohl nicht mehr wesentlich über die bisher erreichten Gebiete hinausgekommen.

Am 17. Juni 1755 trat er jedenfalls der »Royal Navy« bei, und bereits ein Jahr darauf war Krieg. Cook nahm zunächst an Blockadefahrten gegen französische Transportschiffe teil, wurde 1757 in den Stand eines »Masters« – in der britischen Marine die Bezeichnung für den Navigationsoffizier – erhoben und segelte ein Jahr später erstmals nach Nordamerika. Hier war er dank seiner exzellenten nautischen und kartografischen Fähigkeiten maßgeblich am Sieg der Briten über die Franzosen beteiligt. Auch nach Ende dieses »Siebenjährigen Krieges« stellte er seinen enormen Nutzen für die britische Krone – nur unterbrochen von einigen Heimataufenthalten – bei der Vermessung und Kartografierung Neufundlands und Labradors im Nordosten von Kanada unter Beweis. 1767 kehrte er schließlich endgültig aus Nordamerika zurück.

Noch im selben Jahr berieten die Mitglieder der »Royal Society«, der höchsten wissenschaftlichen Institution Großbritanniens, über die Notwendigkeit einer Südsee-Expedition mit dem Ziel, den für 1769 vorausgesagten »Venusdurchgang« zu beobachten. Dabei handelt es sich um ein seltenes Himmelsschauspiel, bei dem sich der Planet Venus zwischen die Sonne und die Erde schiebt. Durch die exakte Beobachtung und Messung dieses Durchgangs an weit voneinander entfernten Punkten der Erde ließe sich mittels einer Reihe mathematischer Gleichungen die Entfernung zur Sonne bestimmen. Als idealen Beobachtungsort in der Südsee hatten die Forscher Tahiti ausgemacht, und da der König die Expedition finanzierte, übertrug die »Royal Navy« im Mai 1768 einem ihrer Offiziere das Kommando: dem kurz zuvor zum Leutnant beförderten James Cook.

Am 26. August stach die ENDEAUVOUR von Plymouth aus in See. An Bord dieses umgebauten Kohlefrachters – auf Schiffen dieses Typs hatte Cook sein Segelhandwerk ja gelernt – befanden sich neben den obligatorischen Seeleuten auch einige Soldaten und Wissenschaftler.

Was aber nur wenige Eingeweihte wussten: Es gab noch einen zweiten, geheimen Auftrag der Expedition. Nach Erfüllung der ersten Aufgabe sollte der im Süden der Erdhalbkugel vermutete Riesenkontinent »Terra australis« gefunden und für die britische Krone in Besitz genommen werden. Seit der Antike gab es die Auffassung, dass im Süden unseres Planeten eine gewaltige Landmasse existierte, da die Erde ohne dieses Gegengewicht zu den bekannten Erdmassen auf der Nordhalbkugel zwangsläufig aus dem Gleichgewicht geraten müsse.

Als die ENDEAUVOUR schließlich im Juli 1771, fast drei Jahre nach Beginn der Reise, wieder den Hafen von Plymouth erreichte, war die erste wissenschaftliche Expedition der Seefahrtsgeschichte abgeschlossen. Die Mission »Venusdurchgang« hatten Cook und seine Wissenschaftler bravourös gelöst: Die gewonnenen Daten trugen maßgeblich dazu bei, den Abstand von der Erde zur Sonne mit ca. 150 Millionen Kilometern nur geringfügig von der heute gültigen Distanz abweichend zu errechnen. Den sagenhaften Südkontinent aber fand er nicht. Vielmehr ließen seine Aufzeichnungen den Schluss zu, dass die »Terra australis« gar nicht existiere. Dennoch sorgte seine Reise mit der Entdeckung, Kartografierung und teilweisen Erforschung von zahllosen Inseln bzw. Inselgruppen dafür, dass enorme Flächen der bis dahin in Europa weitgehend unbekannten Welt des Stillen Ozeans erkundet waren.

Es folgten noch zwei weitere Pazifik-Expeditionen. Bei der ersten Reise, die 1772 begann und gut drei Jahre dauerte, sollte er erneut nach der »Terra australis« suchen. Das Königshaus wollte Gewissheit haben. Mit den Schiffen RESOLUTION und ADVENTURE stieß der inzwischen zum »Commander« beförderte Cook weiter als jeder andere zuvor in den Süden vor, erreichte Anfang 1773 den südlichen Polarkreis und entdeckte und kartierte anschließend eine Reihe weiterer Inseln. Die Nichtexistenz des Südkontinents war damit bewiesen. Seine dritte Reise, zu der er im Juli 1776 mit der RESOLUTION und der DISCOVERY aufbrach, hatte nun ein anderes Ziel: das Auffinden einer Nordwest-Passage, also des Seewegs zwischen dem Pazifischen und dem Atlantischen Ozean um Nordamerika herum. Dabei entdeckte er weitere Inseln und kartierte die amerikanische Westküste. Während eines Zwischenaufenthalts auf Hawaii kam es am 14. Februar 1779 zu einer gewaltsamen Auseinandersetzung mit Inselbewohnern, in deren Verlauf Cook keine vier Monate nach seinem 50. Geburtstag ums Leben kam. Damit war eine der glanzvollsten Karrieren der Seefahrtsgeschichte auf tragische Weise zu Ende gegangen.

Von herausragender Bedeutung für die Nachwelt war neben dem Umfang seiner Entdeckungen die Präzision seiner Land- und Seekarten. Ein Beispiel dafür ist Cooks Neuseeland-Karte von 1770, die noch zwei Jahrhunderte danach, also bis zur zweiten Hälfte des 20. Jahrhunderts, von Seefahrern verwendet wurde. Darüber hinaus genoss er aufgrund seiner herausragenden Leistungen schon zu Lebzeiten einen enormen Respekt. So erhielt zum Beispiel die französische Marine während Cooks letzter Fahrt die Anweisung, seine Schiffe trotz eines drohenden Krieges mit den Briten auf alle Fälle unbehelligt zu lassen, da seine Karten in Zukunft allen Nationen nützlich sein würden. Besser lässt sich die Grenzen und Feindschaften übergreifende Anerkennung für den bedeutendsten Seefahrer und Entdecker des 18. Jahrhunderts nicht verdeutlichen.

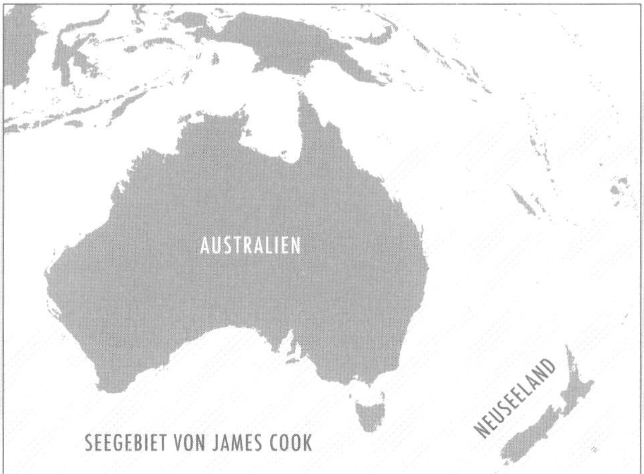

# Seefahrer und Entdecker im Zeichen der Aufklärung: Jean-François de La Pérouse

Die zweite Hälfte des 18. Jahrhunderts war in der Alten wie auch der Neuen Welt geprägt von der Blütezeit der Epoche der Aufklärung. Ausgehend vor allem von Frankreich und England und basierend auf humanistischen Denkweisen einerseits sowie den Erkenntnissen der großen Entdeckungsreisen der letzten zwei Jahrhunderte andererseits, bewirkte die Aufklärung in vielerlei Hinsicht bahnbrechende Veränderungen. Dazu gehörten politische und gesellschaftliche Entwicklungen ebenso wie Auswirkungen in künstlerischer, kultureller und wissenschaftlicher Hinsicht. So führte zum Beispiel die Abkehr vom Absolutismus in Verbindung mit einem wachsenden Selbstbewusstsein des Bürgertums zur amerikanischen Unabhängigkeitserklärung des Jahres 1776: der ersten demokratischen Verfassung der Neuzeit. Darüber hinaus ersetzten wissenschaftliche Erkenntnisse in zunehmender Weise alte Vorurteile, und auch die Toleranz gegenüber anderen Kulturen und Religionen erhielt einen höheren Stellenwert.

In diesem Zusammenhang sind zwei große Seefahrer und Entdecker des 18. Jahrhunderts zu sehen, deren Wege sich zwar nie persönlich kreuzten, die aber dennoch einiges miteinander verband: der Engländer James Cook und der Franzose Jean-François de La Pérouse.

Beide hatten als Marineoffiziere am Siebenjährigen Krieg aufseiten Frankreichs bzw. Englands in Nordamerika teilgenommen. Beide hatten sich einen exzellenten Ruf als herausragende Seeleute erworben. Beide waren äußerst diszipliniert und gebildet und beide sollten sich einen Namen als Leiter von wissenschaftlichen Expeditionen in die Südsee machen, die Seefahrtsgeschichte geschrieben haben. Eine weitere, eher tragische Gemeinsamkeit verbindet sie außerdem: Beide überlebten ihre Expeditionsfahrten am Ende nicht.

Im 17. Jahrhundert hatten Frankreich und England den einst so mächtigen iberischen Nationen Spanien und Portugal ihren Rang als die führenden Seemächte der Welt abgelaufen. Nach dem Ende des von 1756 bis 1763 dauernden Siebenjährigen Krieges, bei dem die beteiligten Kriegsgegner Frankreich und England auch um die Vormachtstellung in Nordamerika kämpften und aus dem die Briten als Sieger hervorgegangen waren, gelangte nun ein anderer und bisher weitestgehend unerforschter Bereich ins Visier der beiden Weltmächte: der größte Ozean der Erde.

Mit den drei von Cook zwischen 1768 und 1780 ausgeführten Pazifik-Expeditionen waren die Engländer den Franzosen hinsichtlich der Erkundung dieses Ozeans schon deutlich voraus, als König Ludwig XVI. von Frankreich sich entschloss, eine alleinige Präsenz der Engländer in der Südsee nicht tatenlos hinzunehmen – zumal den Briten infolge des Krieges die meisten französischen Kolonien in Nordamerika und Indien zugefallen waren. Also ließ der König eine Expedition ausrüsten, deren Aufgaben zwar in erster Linie wissenschaftlicher Natur waren, um Frankreichs Ruhm als Nation der Wissenschaften und Künste zu mehren. Darüber hinaus sollte sie aber durchaus auch wirtschaftlichen und kolonialen Interessen dienen.

Als Kommandeur der Forschungsreise wurde der 1741 in La Gua bei Albi im Südwesten Frankreichs geborene Jean-François de La Pérouse auserwählt. Der Sohn einer Patrizierfamilie war bereits mit 15 Jahren als Seekadett zur französischen Kriegsmarine gegangen, hatte während des Siebenjährigen Krieges an verschiedenen Schauplätzen, da-

Zeitgenössisches Porträt des großen französischen Seefahrers Jean-François de La Pérouse (Anfang des 19. Jahrhunderts)

runter auch in Québec, gegen die Engländer gekämpft und war zwischen 1772 und 1776 im Indischen Ozean an Kaperfahrten gegen englische Schiffe und zum Schutz der dortigen Kolonien seines Vaterlandes, wie zum Beispiel Mauritius, Réunion und Madagaskar, an der Jagd auf Piraten beteiligt. Als er 1782 in der Hudson Bay auch noch quasi im Vorbeifahren die beiden britischen Handelsposten »Fort York« und »Fort Prince of Wales« plünderte und zerstörte, konnte er im Alter von gerade einmal 40 Jahren auf eine über 25-jährige erfolgreiche Karriere zurückblicken. Und er galt als einer der fähigsten und kompetentesten Kapitäne Frankreichs seiner Zeit.

Ausgestattet mit zwei hochmodernen Fregatten, der BOUSSOLE unter seinem Kommando und der ASTROLABE unter Führung von Kapitän Fleuriot de Langle, stach La Pérouse am 1. August 1785 von Brest aus in See, um mit den Worten seines Königs »nach all jenen Ländern zu suchen, die der Aufmerksamkeit von James Cook entgangen sind«. Neben der etwa 200-köpfigen Stammbesatzung befanden sich an Bord der beiden Schiffe 20 Wissenschaftler verschiedenster Fachrichtungen und eine Reihe von Künstlern, die alles an den noch zu entdeckenden Landschaften, Tieren, Pflanzen und Menschen festhalten sollten, was ihnen auf der Reise begegnete.

Im Januar 1786 wurde Kap Hoorn an der amerikanischen Südspitze umschifft, um dann die Westküste Südamerikas entlang gen Norden zu segeln. Auf der Höhe von Concepción im heutigen Chile bogen die Schiffe Richtung Westen ab und erreichten im April nach etwa 3.500 Kilometern die geheimnisvolle Osterinsel mit ihren monumentalen Steinskulpturen. Von dort aus ging es weiter in nördlicher Richtung an Hawaii vorbei bis nach Alaska, wo die Schiffe in einer Bucht unterhalb des Berges St. Elias ankerten. Hier ereignete sich ein tragischer Zwischenfall, als zwei der drei zu einer Erkundung ausgesandten Boote infolge heftiger, plötzlich aus der Bucht herausbrechender Strömungen kenterten und 21 Seeleute ums Leben kamen.

Nach diesem Vorfall ging es der nordamerikanischen Westküste folgend wieder südwärts bis zur Bucht von Monterey unterhalb des heutigen San Francisco, von wo aus die Schiffe in westlicher Richtung über den gesamten Pazifik bis zum südchinesischen Macão fuhren, das sie im Januar 1787 erreichten. Danach folgte ein regelrechter Erkundungsmarathon entlang der asiatischen Pazifikküste und ihren vorgelagerten Inseln. Der führte nach einem Abstecher zur Philippinen-Insel Luzon über Formosa, die Südküste Koreas und die Westküste Japans bis zur Mündung des Amur, zurück zur Westküste der Insel Sachalin bis zu jener Meerenge zwischen Sachalin und der japanischen Insel Hokkaido, die noch heute La-Pérouse-Straße heißt. Anschließend segelten die Schiffe an den Kurilen entlang bis nach Petropawlowsk auf der Halbinsel Kamtschatka. Bevor sie hier von Schneestürmen und Eisbergen zur Rückkehr gezwungen wurden, ließ La Pérouse seinen Dolmetscher von Bord gehen, damit er sich mit Aufzeichnungen über die bisherige Reise auf dem Landweg nach Paris begeben sollte – eine Sicherheitsmaßnahme für den Fall aller Fälle. Dann ging es wieder Richtung Süden, und nach dem Passieren der Gilbert- und der Phönixinseln erreichten die Schiffe das Inselarchipel Samoa.

Es war inzwischen der 9. Dezember 1787, als La Pérouse vor der Samoa-Insel Maouna zwecks Aufnahme von Proviant und Süßwasser ankern ließ. Als drei Versorgungsboote in einer Bucht gerade ihre Was-

serbehälter einluden, tauchten plötzlich mehrere Hundert Einheimische auf und griffen die Europäer ohne ersichtlichen Grund an. Zwölf Männer starben, darunter auch der Kapitän der ASTROLABE, Fleuriot de Langle. Die Übrigen konnten sich schwimmend auf die Fregatten retten, woraufhin La Pérouse die sofort Weiterfahrt Richtung Süden anordnete. Nachdem die Tonga-Inseln passiert wurden, erreichten die Schiffe Ende Januar 1788 die heute zu Sydney gehörende »Botany Bay« im Südosten Australiens. Hier ankerte zur selben Zeit eine englische Flotte, und bevor La Pérouse Anfang Februar wieder aufbrach, überließ er dem Kommandanten der Flotte weitere Aufzeichnungen, um sie mit nach Europa zu nehmen. Darin war auch vermerkt, dass die Franzosen in nordöstlicher Richtung segelnd Neuguinea erreichen wollten. Doch dort kamen sie nie an.

Zwei Jahre nach Ausbruch der Französischen Revolution wurde 1791 eine Suchexpedition in die Südsee beordert, die erfolglos blieb. Erst 1828 entdeckte eine andere französische Expedition Wrackteile der

BOUSSOLE und der ASTROLABE vor der Salomonen-Insel Vanikoro. Doch erst in den 60er Jahren des 20. Jahrhunderts kam das ganze Ausmaß der Katastrophe zum Vorschein. Nach Überlieferungen der Inselbewohner, deren Aussagen durch Funde von Tauchern bestätigt wurden, waren im Februar oder März 1788 zwei fremde Schiffe in einer stürmischen Nacht vor ihrer Insel gestrandet. Das eine, die BOUSSOLE, war sofort gesunken, und 60 später ausgegrabene Schädel belegten, dass die Überlebenden Kannibalen zum Opfer gefallen waren. Dagegen konnten sich die Überlebenden der ASTROLABE die Menschenfresser nicht nur vom Hals halten, sondern sollen aus den Resten ihres Schiffes sogar noch ein offenes Boot gebaut haben, mit dem sie versuchten, sicheres Festland zu erreichen. Danach aber verlor sich ihre Spur.

Der Dolmetscher, den La Pérouse von Petropawlowsk aus in die Heimat geschickt hatte, erreichte Paris im Oktober 1788 – als seine ehemaligen Begleiter vermutlich alle schon tot waren. Doch basierend auf den von ihm mitgeführten Aufzeichnungen – ergänzt um die Unterlagen, die der britische Flottenkommandant aus Australien zurückgebracht hatte – wurde 1797 unter dem Titel »Zu den Klippen von Vanikoro. Weltreise im Auftrag Ludwigs XVI.« ein Buch veröffentlicht, das sich zu einem Klassiker der zeitgenössischen Reiseliteratur entwickelte. Jener König aber, der die Expedition ausgesandt hatte, erlebte das nicht mehr: Im Zuge der Revolution war er entmachtet, verhaftet, zum Tode verurteilt und schließlich am 21. Januar 1793 öffentlich von einer Guillotine enthauptet worden.

## Der »Robin Hood der Ostsee«:

# Klaus Störtebeker

Er war der größte Pirat, den Deutschland je hervorgebracht hat – und die zahlreichen Geschichten um seine Person sind weit über die nationalen Grenzen hinweg bekannt: der legendäre Klaus (Klaas) Störtebeker, der sich als »Robin Hood der Ostsee« einen Namen gemacht hat und daher noch heute bei Groß und Klein bekannt ist. Umso kurioser erscheint, dass vieles, nein fast alles an ihm im Dunkel der Zeit verschwommen geblieben ist. Sein Geburtsort ist umstritten, sein Vorname variiert je nach Quelle, und auch sein Familienname wird als solcher angezweifelt. Aber nicht nur die Person und ihre Herkunft, sondern auch das Aussehen des bekanntesten deutschen Seeräubers ist unklar. Seit Jahrhunderten wird Störtebeker in zahlreichen Porträts dargestellt: als ein stämmiger Bursche mit vollem Bartwuchs. Immer wieder kopiert, gehen alle diese Darstellungen, die Störtebeker angeblich zeigen sollen, auf ein einziges Bild zurück. Und das zeigt erwiesenermaßen nicht den deutschen Seeräuber, sondern den Hofnarren von Kaiser Maximilian I. Er hieß Cunz von der Rosen und wurde erst etwa 50 Jahre nach Störtebekers Hinrichtung geboren.

Vermutlich erblickte Klaus Störtebeker im Jahr 1370 in Ruschwitz auf der Insel Rügen das Licht der Welt. Hier verbrachte er seine Kindheit und wuchs in ärmlichen Verhältnissen als Leibeigener auf dem gleichnamigen Gut Ruschwitz auf. Von hier musste der jugendliche Klaus dann wegen eines Vergehens flüchten, denn er soll heimlich einen kräftigen Schluck Starkbier aus der Kanne seines Eigentümers getrunken haben. Dabei ertappt, wurde er in Fesseln gelegt und erhielt Prügel. Doch mit unbändiger Kraft sprengte er die Fesseln, schlug seine Peiniger nieder und lief davon. Zusammen mit einem Freund machte er sich schnellstens aus dem Staub – in einem kleinen Boot raus aufs offene Meer. Wenig ruhmreich gingen die beiden Flüchtlinge mit ihrem Boot unter und wurden kurz darauf von Gödeke Michels (Michael Gödeke), einem erfahrenen Schiffskapitän, aus dem Meer gefischt. Von ihm lernte Klaus später das komplette Seefahrerhandwerk – und von ihm soll er auch den Namen Störtebeker erhalten haben. Die niederdeutsche Bezeichnung für »gestürzter Becher« deutet dabei zu Recht auf dessen Trinkfestigkeit hin,

Das bekannte »klassische« Bild von Klaus Störtebeker; in Wahrheit die Darstellung des kaiserlichen Hofnarren Cunz von der Rosen (um 1493)

wobei er der Legende nach einen 4-Liter-Humpen Bier in einem Zug leer getrunken haben soll: Nach gelungener Flucht muss der glücklich gerettete Klaus wohl um einen Schluck Met gebeten haben. Gödeke Michels gab ihm daraufhin den größten Becher des Schiffes voller Bier, den der junge Klaus mit kräftigen Zügen leerte – einmal, ein zweites und noch ein drittes Mal. Noch beeindruckt von solcher Trinkleistung, war Gödekes Schiff bereits im nächsten Hafen angelangt. Dort musste der Kapitän seine Mannschaft bei den Behörden namentlich anmelden. Nach Klaus befragt, den er bisher noch gar nicht nach seinem Namen fragen konnte, soll Gödeke der Legende nach gesagt haben: »Na, wie soll der schon heißen? Der heißt doch Störtebeker.« So kam Klaus Störtebeker zu seinem Namen.

Als Seefahrer trat er erstmals im Jahr 1391 in Erscheinung. Zu dieser Zeit herrschte Krieg zwischen Königin Margarete I. von Dänemark, die auch Schweden besetzt hielt, und Herzog Albrecht von Mecklenburg, der zugleich König von Schweden war. Als Albrecht in Gefangenschaft geriet und das mit Mecklenburg verbündete Stockholm – eine Stadt hanseatischer Kaufleute – belagert wurde, wandte sich die Hanse als Städtebündnis an ihre alten Feinde und bat um Hilfe. Vor allem die mecklenburgischen Städte Rostock und Wismar stellten Kaperbriefe für alle aus, die auf eigene Faust versuchen wollten, dem dänischen Reich zu schaden, um Stockholm zu helfen. Damit legalisierten sie die Seeräuber und machten sie zu Freibeutern. In ihrem Auftrag stachen auch Störtebeker und Gödeke in See, um feindliche Schiffe zu kapern und das durch dänische Schiffe blockierte Stockholm mit Lebensmitteln (Vitalien) zu versorgen. Die Lebensmittel dazu stammten überwiegend aus Beutegut. Die Seeräuber nannten sich »Vitalienbrüder« oder auch »Likedeeler« (Gleichteiler) – was bedeutete, dass unter ihnen die Beute zu gleichen Teilen aufgeteilt wurde. Und sie gaben vor allem den Armen davon ab. Tatsächlich gelang es den Piraten, die dänische Blockade zu brechen. Als Stockholm wieder befreit war, zog Königin Margarete ihre Truppen zurück, und schon ein Jahr später war wieder Frieden.

Eigentlich sollten sich auch die Freibeuter wieder auflösen, da der Krieg ja zu Ende war. Doch das taten sie nicht. Statt arbeitslos zu sein, gingen sie jetzt auf eigene Rechnung ihrem Seeräuberhandwerk nach. Ihr neuer Leitspruch hieß: »Gottes Freunde, aller Welt Feinde!« Die Piraten schlugen in Visby, der Hauptstadt der Insel Gotland, ihr Hauptquartier auf. Bis zu dieser Zeit waren Störtebeker und Gödeke noch keine Kommandanten. Das waren anfangs vorwiegend Adlige aus

Mecklenburg, die sich aber jetzt, nach Kriegsende, immer mehr zurückgezogen hatten. Unter ihren neuen Anführern wurden die Seeräuber ab 1395 dann so aktiv, dass kein Schiff in der Ostsee mehr vor ihnen sicher war. Schnell hatten sie daher nicht nur Dänemark wieder gegen sich, sondern auch die Hanse und den Deutschen Ritterorden, der die preußischen Hansestädte verwaltete und das ganze Land im Bereich der östlichen Ostsee beherrschte. Alle drei Mächte setzten nun Kriegsschiffe ein, um dem Piratentum ein Ende zu bereiten. Angesichts der Übermacht ergaben sich zahlreiche Piraten. Andere flüchteten nach Finnland. Störtebeker und Gödeke verlagerten ihre Jagdgründe dagegen einfach in die Nordsee. Da die Hanse bei den Friesen, die selbst gerne Handel trieben, nicht sonderlich beliebt war, gewährten sie den Piraten bereitwillig Unterschlupf. Die vielen kleinen Häfen und vorgelagerten Buchten waren dazu hervorragend geeignet. In dem kleinen Dorf Schaar, dem heutigen Wilhelmshaven, fanden viele Vitalienbrüder 1396 Zuflucht, andere in der kleinen »Hafenstadt« Marienhafe. Damals

Die beiden »gestürzten Becher« im Wappen von Marienhafe – ein Hinweis auf Klaus Störtebeker?

lag Marienhafe nach einer Sturmflut direkt an der Küste und gehörte zu den wichtigsten Städten der Friesen. Ein geeigneter Unterschlupf für Störtebeker. Hier befindet sich übrigens das größte Störtebeker-Denkmal Deutschlands und ein interessantes Störtebeker-Museum. Im Stadtwappen von Marienhafe sind noch heute zwei »gestürzte Becher« zu sehen. Sie sollen auf den berühmten deutschen Piraten zurückgehen.

Während Gödeke Michels sein Unwesen um 1400 überwiegend auf

Weser, Jade und Ems trieb, lauerte Störtebeker an der Elbmündung vor Neuwerk. Zusammen befehligten sie gleichberechtigt etwa 1.500 Mann. Die Insel Helgoland, die Handelsschiffen damals als Navigationshilfe diente, nutzten sie als weiteren Vorposten, zur Lauerstellung und als Unterschlupf.

So wurde Helgoland dem Störtebeker dann auch zum Verhängnis. Die Kaufleute der Hanse konnten die dauernden Überfälle auf ihre Handelsschiffe nicht länger hinnehmen. Obwohl die Hanse weder eine Marine noch Kriegsschiffe besaß, wurde unter der Führung Hamburgs dennoch eine Flotte zusammengestellt, die am 22. April 1401 die Piraten vor Helgoland überraschte und Klaus Störtebeker sowie 71 seiner Piraten gefangen nahm. Die Hinrichtung der Piraten soll am 21. Oktober 1401 auf dem Hamburger Grasbrook in der heutigen HafenCity stattgefunden haben. Wie üblich war vorgesehen, sie durch das Schwert des Scharfrichters zu köpfen und die Köpfe dann aufgepfählt am Ufer der Elbe zur Schau zu stellen. Störtebeker erbat bei den Richtern jedoch eine Gnade für seine Mannschaft: Alle diejenigen, an denen er nach der Enthauptung noch vorbeilaufen könne, sollten freigelassen werden. An einem Dutzend seiner Männer soll er der Legende nach ohne Kopf vorbeigeeilt sein, bevor er über einen

Schemel stolperte und zusammenbrach. Ob das nun der Wahrheit entspricht oder nicht: Alle Piraten aus Störtebekers Mannschaft wurden hingerichtet.

Die Seeräuberei an der deutschen Küste gilt seither als ausgestorben. Obwohl: So ganz scheinen die Anhänger Störtebekers vielleicht ja doch noch nicht ausgestorben zu sein. Echte Fußballfans wissen zum Beispiel, dass im Stadion des FC St. Pauli noch heute immer wieder Piratenflaggen von einigen verwegenen Norddeutschen geschwenkt werden. Und bei so manchem friesischen Rocker, der über Land fährt, ist groß das Wort »LIKEDEELER« auf seiner Lederjacke zu lesen. Der Mythos von Klaus Störtebeker lebt also weiter.

# Gefürchtete Piraten und türkische Nationalhelden: die Brüder »Barbarossa«

Die Brüder »Barbarossa« stehen stellvertretend für eine lange Zeit der Umbrüche, Völkerwanderungen und Eroberungen in Europa – und für die Vielzahl namenloser Seeräuber und ihrer Geschichten, die sich im Mittelmeer bereits ab dem 7. Jahrhundert n. Chr. abspielten. Auslöser für Konflikte war dabei immer wieder auch der Kampf um die religiöse Dominanz des Papstes als Repräsentant der katholischen Kirche und die Vorherrschaft der Christen im gesamten Mittelmeerraum. Der Konflikt zwischen Christen und moslemischen Arabern begann im Grunde bereits mit Mohammed selbst und die durch ihn veranlasste Ausbreitung des Islam – etwa mit der Eroberung des Westgotenreichs (Mittel- und Südspanien) und der Errichtung des Emirats von Córdoba, der ersten Hochkultur im mittelalterlichen Europa, die bis etwa 1000 n. Chr. existierte. Er setzte sich fort über die Kreuzzüge im 12. und 13. Jahrhundert und hatte nach der Eroberung des ehemals christlichen Byzanz, dem späteren Konstantinopel und heutigen Istanbul, durch die Osmanen einen späten Höhepunkt mit den Türkenfeldzügen gegen Wien Mitte des 17. Jahrhunderts.

Vor allem im Emirat von Córdoba gab es anfangs ein friedliches Miteinander verschiedener Völker und Religionen in einem gemeinsamen

Staatswesen. Das war eine zivilisatorische Meisterleistung, die einerseits auf der Zusammensetzung der Bevölkerung und andererseits auf der Toleranz des vorherrschenden andalusischen Islam beruhte. Obwohl die aus Syrien und dem Jemen stammenden Araber die politische Macht innehatten, stellten sie nur etwa zehn Prozent der Bevölkerung. Eine gewisse Toleranz war daher durchaus ratsam. Mit dem Untergang der maurischen Herrschaft in Spanien änderte sich die Situation schlagartig. Viele Muslime kamen unter die Herrschaft des christlichen Kastiliens. Danach begannen trotz garantierter Religionsfreiheit schon bald Zwangsmaßnahmen durch die katholische Kirche und Enteignungen religiöser muslimischer Einrichtungen. Nach einem Aufstand ordnete die spanische Krone ab 1499 die Zwangsbekehrung der Muslime oder deren Deportation an. In der Folgezeit traten zwar viele Muslime zum Christentum über, übten aber ihren Glauben im Geheimen weiter aus, so dass sie schnell von der Inquisition verfolgt wurden – einer Behörde in der katholischen Kirche, welche die Aufgabe hatte, »Ketzer« bzw. »Irrgläubige« zu finden, zu verfolgen, vor Gericht zu stellen und zu verurteilen. Hier setzt nun die Geschichte der Brüder »Barbarossa« ein.

Chizr oder Hizir »Barbarossa«, der später auch unter seinem Ehrentitel Chaireddin (Behüter des Glaubens) bekannt wurde, war türkischer Admiral (Pascha) im westlichen Mittelmeer und der spätere Herrscher von Algier. In Europa wurde er als »Schrecken der christlichen Seefahrt« bekannt. Der Name Barbarossa, besser »Barberousse«, stammt dabei nicht – wie beim römisch-deutschen Kaiser Friedrich Barbarossa – von einem rötlichen Bart, sondern war eine aus dem Französischen abgeleitete Verunglimpfung des türkischen Ehrentitels Baba Oruç, also »Vater Arudsch«, durch christliche Europäer. Diesen Beinamen hatte sich eigentlich Chaireddins älterer Bruder Arudsch erworben, als er spanische Muslime und Juden vor der Inquisition rettete und sie dann in Nordafrika und in Küstengebieten um Istanbul siedeln ließ. Den Beinamen »Barbarossa« trugen später jedenfalls beide. Berühmt wurden sie als so genannte »Barbaresken« – als Piraten von der Berberküste. Ihr »Barbareskenstaat«, der sich im 16. Jahrhundert von Gibraltar und der

Küste Marokkos über tausende Kilometer bis nach Algerien zog und den osmanischen Einfluss im westlichen Mittelmeer weiter stabilisierte, wurde so zum idealen Rückzugsgebiet der Mittelmeer-Piraten.

Chaireddin wurde um 1474 als jüngster von vier Söhnen auf der griechischen Insel Lesbos geboren. Nachdem die Insel 1462 Teil des Osmanischen Reichs geworden war, ließ sich sein Vater Jakub, ein ehemaliger »Janitschar« (osmanischer Elitesoldat), auf der Insel als Töpfer nieder und heiratete die Witwe eines griechischen Priesters. Aus dieser Ehe gingen neben zwei Töchtern noch vier Söhne hervor: Arudsch, Elias, Isaak und Chizr, der als jüngster Sohn seinem Vater in der familieneigenen Töpferei half. Jakub besaß ein Boot und ging zusammen mit seinen Söhnen gelegentlich auch mal auf Seeraub. Auf einer solchen Fahrt geriet Arudsch in Gefangenschaft der Johanniterritter und wurde als Rudersklave mehrere Jahre auf einer Galeere des Ordens geschunden. Chaireddin ging dem Gewerbe des Seeräubers mit wachsendem Erfolg nach und wurde zum berühmtesten »Korsaren« des Mittelmeeres – so wurden die Piraten vor der nordafrikanischen Küste genannt. Sie setzten sich vor allem aus Arabern und Mauren zusammen, die aus Spanien an die Küste Afrikas geflüchtet waren. Nach vielen Jahren gelang es Chaireddin, seinen Bruder von der Johannitergaleere freizukaufen. Arudsch wurde mit seinem Bruder Anführer einer kleinen

Korsarenschar, um die sich immer mehr muslimische Freibeuter versammelten. Ihre Raubzüge entwickelten sich für sämtliche christliche Kaufleute und Seefahrer zur Gefahr. Die Korsarentaktik bestand darin, ihren Opfern hinter Felsvorsprüngen oder in Buchten aufzulauern, mit ihren kleinen, wendigen Booten unvermutet hervorzuschießen und die größeren Beuteschiffe ohne großen Schusswechsel zu entern. Danach wurden die Gefangenen auf den Sklavenmärkten in Algier, Tunis oder Tripolis verkauft. Dabei versenkten sie die Schiffe ihrer ausgeplünderten Opfer nicht, sondern behielten sie. Und so hatten sich die arabischen Korsaren im Lauf der Zeit eine Flotte zusammengeraubt, die sogar in der Lage war, sich gegen die Spanier und die italienischen Stadtstaaten wie Venedig, Genua, Florenz und andere zu behaupten.

Ausgangspunkt für den unvergleichlichen Ruhm, den sich die beiden Piratenbrüder schließlich erwarben, war wohl ihre Reaktion auf die Eroberung einiger nordafrikanischer Gebiete, darunter Melilla, Algier und Bougie, durch die spanisch-katholische Seemacht Anfang des 16. Jahrhunderts. Derart von den christlichen Spaniern gereizt, gelang es ihnen 1504, in der Nähe der Insel Elba zwei reich beladene große Galee-

Illustration eines Berberpiraten aus der Zeit der Brüder »Barbarossa« und Dragut Reis

ren von Papst Julius II. fast ohne Gegenwehr zu kapern. An Bord befanden sich zusätzlich mehrere hochrangige Gesandte des Kirchenstaates. Der Verkauf der Kostbarkeiten des Papstes und die hohen Lösegelder, die sie für die gefangenen Würdenträger erhielten, machten die Korsaren reich. Die Brüder »Barbarossa« wurden durch diese Tat zu lebenden Legenden. 1511 bat der Scheich von Algier die Piratenbrüder um Hilfe gegen die Spanier. 5.000 Korsaren marschierten schließlich in die Stadt ein, während Chaireddin den Hafen mit seiner Fotte blockierte. Arudsch, inzwischen Herrscher von Algier, fiel bei einer Schlacht gegen die spanischen Truppen Kaiser Karls V. Damit hatte Chaireddin die alleinige Macht über Algier. Mit Unterstützung von Arudsch´s Schüler Dragut Reis – einem ruhigen Mann, der aber zu ungeheurer Grausamkeit fähig und der ähnlich wie Arudsch schon einmal auf der Ruderbank einer christlichen Galeere angekettet war (und das ausgerechnet an Bord ihres gemeinsamen Erzfeindes Andrea Doria) – schlug Chaireddin die kaiserliche Flotte vernichtend, als die vergeblich versuchte, die Stadt einzunehmen. Danach unterstellte er sich in Istanbul freiwillig dem Sultan Sulayman dem Prächtigen und wurde zum Befehlshaber von Algier ernannt. Außerdem baute er als Großadmiral (Kapudan Pascha) die osmanische Flotte auf und machte die Türkei schrittweise zu einer Seemacht. Als Hauptstützpunkt für seine eigenen Aktivitäten wählte er Tunis und die Insel Djerba aus. Kaiser Karl V. konnte die Besetzung von Tunis durch die Osmanen wegen der strategisch bedeutenden Lage natürlich nicht akzeptieren. So brach er Mitte 1535 mit seiner Flotte von Barcelona aus auf und traf mit rund 600 Schiffen in Tunis ein – darunter auch die Ritter des Johanniterordens von der Insel Malta. Chaireddin konnte die Stadt Tunis nicht halten und musste sich zurückziehen. Doch anstatt die Flucht zu ergreifen, stach Chaireddin mit 15 Schiffen zum Gegenschlag in Richtung der Balearen in See. Während die spanische Flotte mit ihrem Anführer Andrea Doria an der Spitze auf Befehl des Kaisers die nordafrikanische Küste nach ihm absuchte, griff Chaireddin die im Norden der Insel Menorca gelegene Hafenstadt Maó an und machte reiche Beute.

Tunis konnte erst 40 Jahre später von den Osmanen zurückerobert werden. Doch nachdem Chaireddin im September 1538 die Flotte der Heiligen Liga, die unter dem Kommando des berühmten genuesischen Admirals Andrea Doria stand, in der Seeschlacht von Preveza vor der griechischen Küste vernichtend besiegen konnte, war die osmanische

Die »Dau« ist seit dem 8. Jahrhundert n. Chr. im Einsatz und gilt als traditionelles Segelschiff im arabischen Mittelmeer. Typisch: sind ihre dreieckigen Lateinersegel.

Vormachtstellung im gesamten Mittelmeer gesichert. Einer gemeinsamen europäischen Flotte mit über 600 Schiffen standen dabei zwar nur etwa 120 türkische Schiffe gegenüber – allerdings angeführt von Chaireddin »Barbarossa« und Turgut Reis. Die letzten Jahre des Großadmirals waren durch ein geheimes Bündnis zwischen Frankreich und dem Osmanischen Reich gekennzeichnet. Der französische König Franz I. benötigte Hilfe, um sich gegen Karl V. von Spanien durchsetzen zu können. Die Allianz mit den Osmanen wurde urkundlich nie festgehalten. Doch diese Koalition führte schließlich zur Schwächung Spaniens und trug zur Auflösung der spanischen Macht bei. Chaireddin starb am 4. Juli 1546 im Alter von fast 80 Jahren in seinem Palast am Bosporus. Er wurde in seinem Mausoleum im heutigen Barbaros-Park im Istanbuler Stadtteil Beşiktaş beigesetzt. Auf seinem Grab steht in arabischer Sprache graviert: »Es starb der Herr des Meeres.« Chaireddin hinterließ dem Osmanischen Reich eine bestens organisierte Provinz Nordafrika und sicherte den Türken für Jahrzehnte die uneingeschränkte Herrschaft zur See. Im türkischen Bewusstsein gilt er seither als Nationalheld.

Das Korsarentum im Mittelmeer verlor erst im 17. Jahrhundert an Bedeutung – als die europäischen Seemächte England, die Niederlande und Frankreich besser in der Lage waren, ihren Handel zu schützen.

Entlang der gesamten Küste des Barbareskenstaates, vor allem in den tunesischen Piratenhochburgen Tunis und auf der Insel Djerba, siedelten sich zahlreiche vertriebene Mauren aus Spanien an und belebten später die Wirtschaft und die Kultur des Landes.

## Es gab ihn wirklich, den Piraten mit dem Holzbein:

# François le Clerc

Wann immer wir mit der Frage konfrontiert werden, wie Piraten wohl ausgesehen haben, werden ähnliche stereotype Bilder gezeichnet: Sie haben mehrere Säbel und Pistolen im Gürtel stecken, ein Holzbein natürlich, eine Augenklappe – und bei so manchem darf der Enterhaken als Handersatz und ein Papagei auf der Schulter nicht fehlen. Doch was ist dran an diesen Geschichten?

Von dem berüchtigten Piraten »Blackbeard« Ende des 17. Jahrhunderts ist bekannt, dass er sich als Pirat und als Schrecken der Meere ganz bewusst in Pose gesetzt hat, um möglichst furchterregend auszusehen. Auf ihn geht zumindest das Gerücht zurück, dass Piraten zahllose Säbel und Pistolen in ihrem Gürtel stecken haben. Etwa 150 Jahre zuvor machte noch ein anderer Mann auf sich aufmerksam, der das Bild der Piraten wie kein Zweiter prägen sollte: es war François le Clerc – ein Pirat, der von 1533 bis 1554 sein Unwesen in der Karibik trieb und wegen seiner Beinprothese auch unter dem Namen »Jambe de Bois« oder »Wooden Leg« (Holzbein) bekannt wurde. In einem Seegefecht um die Insel Guernsey während des Konflikts zwischen Frankreich und England hatte er im Jahr 1549 ein Bein verloren.

Anfang des 16. Jahrhunderts beobachteten die aufstrebenden Handelsnationen England, die Niederlande und auch Frankreich mit zunehmendem Argwohn, dass die Portugiesen und Spanier damit begonnen hatten, die Neue Welt unter sich aufzuteilen. Zahllose Gerüchte über unermessliche Schätze auf dem neu entdeckten Kontinent machten die Runde. König Franz I. von Frankreich suchte schon länger nach einem Weg, an diesen Reichtümern teilzuhaben. Bevor er dann ab 1523 begann, in großer Zahl königliche Kaperbriefe auszugeben – Kaperbriefe, die ihm als »Rendite« auch einen erheblichen Anteil an dieser unermesslichen Beute versprachen –, musste der König jedoch erst richtig überzeugt werden. Schließlich war es ein enormes Wagnis, sich mit den größten Mächten der damaligen Welt anzulegen. Dazu musste es wahrhaft überzeugende Argumente geben. Ein französischer Freibeuter und Korsar namens Jean Fleury sollte sie ihm schließlich liefern. Ihm gelang es noch ohne offiziellen Kaperbrief des Königs, drei tiefliegende spanische Handelsschiffe aufzugreifen, die er 1523 im Seegebiet zwischen Madeira und Portugal gesichtet hatte. Dabei wusste Fleury nicht, dass diese drei Schiffe direkt aus Mexiko kamen und bereits eine lange Seereise hinter sich hatten. Was für ein Glücksgriff: Denn es waren genau jene drei Schiffe, die von Hernando Cortez ausgeschickt worden waren, um den sagenhaften Goldschatz des Aztekenkönigs Montezuma nach Spanien zu bringen. Er war für Kaiser Karl V. bestimmt, der diese einzigartige Anhäufung aztekischen Goldschmucks jedoch niemals zu Gesicht bekam – ganz im Gegensatz zu Franz I., der erstaunt feststellen konnte, dass der Wert der Schätze die Erwartungen noch bei weitem übertraf. Jetzt hatte der König genug überzeugende Argumente gesehen, um für die Interessen Frankreichs in der Neuen Welt aktiv zu werden.

Mitte des 16. Jahrhunderts waren es dann tatsächlich in erster Linie französische Korsaren – Mittelmeerpiraten, deren Bezeichnung auf den lateinischen Begriff »cursus« für Beutezug zurückgeht –, die sich immer dreister vor die Küsten der Neuen Welt nach Westindien vorwagten. Einer der ersten und zugleich berüchtigtsten dieser französischen Kor-

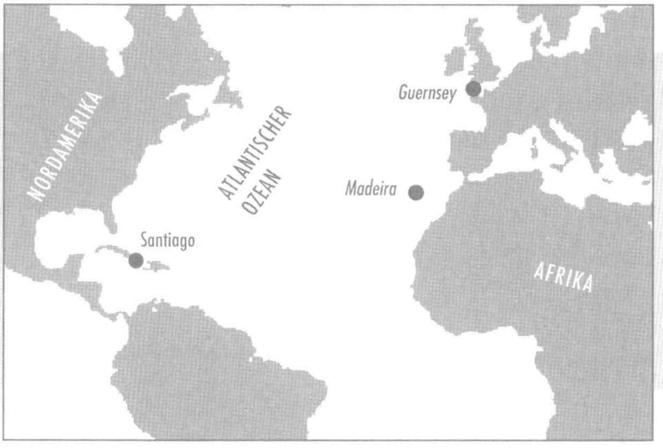


saren, die in der gesamten Karibik auf die Jagd gingen, war François le Clerc. Ausgestattet mit einem Kaperbrief des neuen französischen Königs Heinrich II., griff le Clerc 1552 zunächst Puerto Santo auf der portugiesischen Insel Madeira an und war damit der erste Pirat mit einem Holzbein, der urkundlich belegt ist. Ähnliche Hilfsmittel muss es in der Blütezeit der Piraterie auch für abgeschlagene Arme oder Hände gegeben haben. Eine der bekanntesten künstlichen Hände ist sicherlich die des Götz von Berlichingen, der 1504 seine rechte Hand im Landshuter Erbfolgekrieg einbüßte. Damit er jedoch weiterhin in den Krieg ziehen konnte, ließ er sich eine Prothese mit fünf Fingern anfertigen, die für damalige Verhältnisse sensationell war. Nicht so schön, aber dafür funktionell war die tatsächlich existierende Hakenprothese der Piraten. Eine davon soll der arabische Seeräuber Arudsch »Barbarossa« genutzt haben. Er verlor seine rechte Hand im Kampf gegen die Spanier in der Seeschlacht von Bugia (1517) und ersetzte sie durch eine einfache, eiserne Klaue. Diese Vorlage inspirierte später den schottischen Schriftsteller Sir James M. Barrie bei der Erfindung der Figur des Captain Hook, dem erbitterten Feind von Peter Pan – eben mit einer Hakenhand.

Im März 1553 begann le Clerc mit acht Schiffen, deren Oberbefehl er hatte, die spanische Handelsflotte und amerikanische Siedlungen anzugreifen und überfiel zunächst San Germain auf Puerto Rico und dann systematisch die Häfen der Insel Hispaniola. Zuvor hatte er noch »im Vorbeifahren« Santa Cruz de La Palma angegriffen, einen der wichtigsten Häfen des spanischen Reiches auf den Kanarischen Inseln. Dessen Glanz lockte im Laufe des 16. Jahrhunderts immer wieder Piraten an, die sich der Reichtümer der Stadt bemächtigen wollten. Unter dem Befehl von le Clerc plünderten im Jahr 1553 Franzosen die Hafenstadt. Was sie nicht mitnehmen konnten, brannten sie nieder.

Berühmt wurde le Clerc dann vor allem durch den Angriff seiner Flotte auf die Stadt Santiago, dem damals wichtigsten Vorposten Spaniens auf Kuba. Hier setzte er seine Raubzüge fort. In Havanna ließ er kurzerhand alle im Hafen liegenden Schiffe niederbrennen, weil das geforderte Lösegeld nicht gezahlt wurde. Auf der kleinen Insel St. Lucia vor der Küste Venezuelas wurde François le Clerc als erster Europäer sesshaft. Von hier aus attackierte er bis zu seinem Tod im Jahr 1563 immer wieder vorbeifahrende spanische Schiffe.

Damit ist die Legende des »ersten« echten Holzbeinpiraten bestätigt. Doch was hat es mit der Augenklappe, einem ebenfalls wichtigen Merkmal von Piraten, auf sich? Tatsächlich waren zahlreiche Seefahrer auf einem Auge blind. Eine gesicherte Erkenntnis ist, dass früher viele Seeleute durch den Gebrauch der damaligen Navigationshilfen, dem Jakobsstab oder dem Sextanten, auf einem Auge erblindeten. Mit diesen Geräten mussten die Kapitäne oder Navigatoren die Sonne anvisieren, um ihre Position auf See bestimmen zu können. Deshalb trugen viele eine Augenklappe über dem tatsächlich erblindeten Auge. Bei so manchem einfachen Piraten konnte die Erblindung aber auch einfach die Folge einer Kriegsverletzung sein. Wenn während eines Gefechts eine Kanonenkugel auf ein hölzernes Schiff traf, führte der Einschlag zu einem dichten Hagel an kleinen und größeren Holzsplittern. Die Splitterwirkung von Kanonentreffern auf hölzernen Schiffen war regelmäßig verheerend – ebenso wie die Verletzungen.

Eine weitere Theorie besagt, dass Augenklappen auch zur Überdeckung von gesunden Augen benutzt wurden. Piraten sollen sie beispielsweise genutzt haben, um ihre Augen für die Nacht zu trainieren.

Indem sie ein Auge auch tagsüber im Dunkeln hielten, konnten sie damit bei Dunkelheit besser sehen – oder zumindest glaubten sie das. Unter Deck, wo das Licht nur sehr spärlich ist, konnten sie die Hell- und Dunkelanpassung des Auges von Minuten auf wenige Sekunden reduzieren. Die Theorie ist bisher unbestätigt – allerdings wäre diese Überlegung für Piraten im Kampf Mann gegen Mann durchaus ein wichtiger Vorteil gewesen. Wieso sollte gerade dieser Vorteil ungenutzt geblieben sein?

# Kaufmann und Freibeuter in königlichen Diensten: Sir John Hawkins

Als die junge Elizabeth I., die von 1559 bis 1603 Königin von England war, sich erstmals für die Beutezüge ihrer Seefahrer zu interessieren begann und veranlasste, diese Seefahrten zunächst noch heimlich zu finanzieren und später durch offizielle Kaperbriefe zu legitimieren, war England noch ein einfaches Agrarland – ohne große Bedeutung als Seemacht angesichts der übermächtigen Präsenz der Hanse, der Spanischen Niederlande sowie der damaligen Weltmächte Portugal und Spanien. Das britische Königreich war um 1560 zudem in einer bedrohlichen Lage: Die Staatskasse war leer, ein stehendes Heer existierte nicht und das Land war durch religiöse und politische Auseinandersetzungen zerrissen. Sowohl der spanische König Philipp II. als auch die schottischen Widersacher warteten nur auf eine Gelegenheit, England unter ihre Kontrolle zu bekommen. Als Elizabeth I. 1570 wegen der Abspaltung der anglikanisch-protestantischen Kirche von Papst Pius V. exkommuniziert wurde, geriet England zusätzlich in Konflikt mit dem streng katholischen Spanien.

Zu dieser Zeit war John Hawkins, der im Jahr 1532 im südenglischen Plymouth als Sohn eines Kaufmanns geboren wurde, bereits ein erfahrener Seemann und Händler. Beruflich war er Kaufmann durch und durch, mit besten Kontakten zur britischen Admiralität. Aber hin und wieder ging der Kaufmann in seiner Karriere auch mal anderen Betätigungen nach: mal war er Sklavenhändler und Freibeuter, dann wieder Marinebeamter, Schatzmeister oder Konteradmiral. Noch heute hat er als einer der bedeutendsten englischen Seefahrer den Status eines Nationalhelden. Er sollte sich dank seiner großen Erfahrungen und brillanten Kontakte zur Galionsfigur des britischen Freibeutertums entwickeln. Von diesen Erfahrungen profitierten natürlich junge Seefahrertalente in der britischen Marine: so zum Beispiel sein etwa acht Jahre jüngerer Cousin Francis Drake.

Als einer der ersten englischen Kaufleute erwarb Hawkins durch den Menschenhandel zwischen Afrika und Westindien – so wurde damals das Seegebiet südöstlich der Vereinigten Staaten von Amerika und die Karibik bezeichnet – großen Reichtum. Bereits im Alter von 21 Jahren hatte Hawkins eine Schiffereigesellschaft geerbt. Als junger Handelsfahrer entwickelte er dabei einen besonderen kaufmännischen Ehrgeiz. Wie schon sein Vater und sein Bruder vor ihm besuchte Hawkins zunächst die Küsten Brasiliens und Guineas, um dort Geschäfte zu machen. Bei diesen Reisen führte sein Weg immer wieder zu den Kanarischen Inseln, einer einflussreichen und wichtigen spanischen Kolonie vor der Küste Westafrikas. Dank seiner guten Kontakte zu den Portugiesen in Brasilien und den Spaniern auf den Kanaren erfuhr er so ganz nebenbei, dass sich viel Geld verdienen ließe, wenn es ihm gelänge, die spanischen Kolonien Amerikas mit Sklaven aus Schwarzafrika zu versorgen. Der Handel mit Spanien war zu dieser Zeit durch politische Verwicklungen offiziell verboten – und für den Handel mit der Neuen Welt brauchten englische Kaufleute eine Genehmigung. Hawkins lernte bei diesen ersten Kommandos mit eigenen Schiffen schnell, die offiziellen Stellen zu umgehen und reichlich Profit aus dem illegalen Handel zu ziehen, ohne erwischt zu werden.

In den Jahren 1563 bis 1565 unternahm Hawkins dann zwei offizielle Reisen zu den Antillen in der Karibik: die erste noch unter geheimer Mitwirkung und Finanzierung durch die Königin von England und ihrer

Minister, die zweite Reise schon mit direkter Förderung der britischen Krone. Denn sie überließ Hawkins das imposante Kriegsschiff JESUS VON LÜBECK, das die britische Marine 1545 noch unter König Heinrich VIII., dem Vater von Elizabeth I., von der Hanse gekauft hatte. In Westindien angekommen, wurde er nur zu bereitwillig von den zum Teil korrupten kolonialen Behörden zu neuen Geschäften empfangen, da sie für offizielle spanische Handelsware – und dazu gehörten neben europäischen Gütern eben auch Sklaven aus Afrika – hohe Zollgebühren an das Mutterland entrichten mussten. Die Gewinne dieser zweiten Kaperfahrt für England (bzw. die Verluste für Spanien) müssen dabei so gewaltig gewesen sein, dass sich der spanische Botschafter am englischen Hof mit Nachdruck beschwerte und mehrfach Protestnoten verfasste. Dass sich die Beziehungen zwischen England und Spanien ab 1563 zunehmend verschlechterten und Spanien inzwischen jede Art von Handel mit England untersagt hatte, kümmerte Hawkins nicht. Damit verletzte er natürlich spanische Gesetze, denn die Spanier hielten den Handel mit ihren Kolonien für ihr ureigenes Monopol – und alle nichtspanischen Handelsgeschäfte schlicht für Schmuggelei.

Männer wie die Freibeuter John Hawkins und Francis Drake trugen mit ihrem Mut wesentlich dazu bei, die spanische Vorherrschaft über die Neue Welt anhaltend zu schwächen und sie immer wieder um ihre Reichtümer zu erleichtern. Der Erfolg ihrer Kaperfahrten ermutigte andere, die unbedingt reich werden wollten, als »staatlich anerkannte Freibeuter« spanische Schiffe anzugreifen und zu plündern – und nicht mehr als Piraten (so genannte »Privateers«) wie die beiden genannten Pioniere. Diese Entwicklung ging einher mit der fast erzwungenen Änderung der politischen Sichtweise Englands unter Führung der jungen Elizabeth: 1559 hatte England seine Ansprüche auf Calais aufgegeben. Diese Entscheidung führte dazu, dass Frankreich als Hauptgegner an Bedeutung verlor. Dafür kam nun ein anderer Gegner zum Vorschein: Spanien, die damalige Weltmacht Nummer 1. Nicht zuletzt, weil der erzkatholische König Philipp II. mit dem Gold und Silber aus der Neuen Welt ganz offen eine Gegenreformation in England subventionierte, änderte Elizabeth I. ihre außenpolitische Blickrichtung weg von Europa und hin zur »freien Welt der offenen Ozeane«. Ab sofort kaperten oder versenkten englische Freibeuter nun im direkten Auftrag Ihrer Majestät spanische Galeonen, wo immer es ging.

Aus diesem Grund organisierte John Hawkins im Jahr 1567 auch seine dritte und größte Expedition in die Neue Welt, an der insgesamt sechs Schiffe teilnahmen – und auch sein Cousin Francis Drake. An der Nordostküste Südamerikas angekommen, stellte Hawkins zunächst verwundert fest, dass die Bewohner der spanischen Kolonien Amerikas inzwischen kein Interesse mehr zeigten, mit ihm Handel zu treiben. Die spanische Regierung hatte natürlich von seinen »Übersee-Handelsgeschäften« der letzten Jahre erfahren und drängte mit all ihrer Macht darauf, dass die spanischen Gesetze in den Kolonien eingehalten wurden. Hawkins war mehrmals gezwungen, den Handel mit Waffengewalt zu eröffnen – etwa indem er seine Mannschaft an Land antreten und in die Luft schießen ließ, um seinem Anliegen Nachdruck zu verleihen. Meistens wurde er in den Hafenstädten von den Festungen aus aber selbst beschossen und daran gehindert, in den Hafen einzulaufen.

Derart von den spanischen Kolonien enttäuscht, machte sich Hawkins auf den Rückweg. Doch ein gewaltiger Sturm trieb ihn in den Golf von Campeche im Süden Mexikos und beschädigte neben der JESUS VON LÜBECK auch einige andere Schiffe seiner Flotte. Der einzige Hafen, der zur Reparatur in Reichweite lag, war die kleine, unter spanischer Hoheit stehende Insel San Juan de Ulúa vor Veracruz.

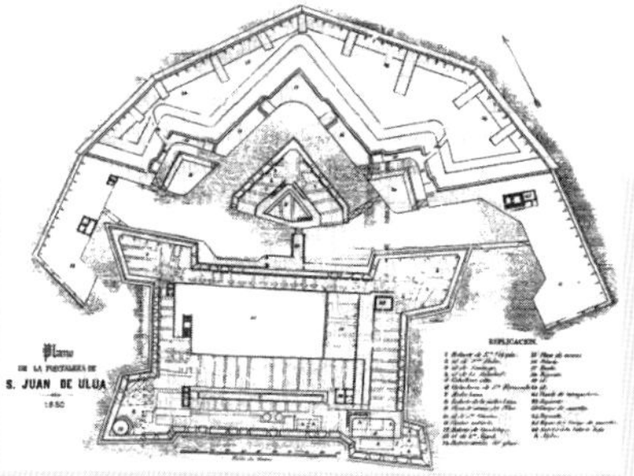


Skizze der Hafenanlage auf der kleinen Insel San Juan de Ulúa im Golf von Mexiko vor Veracruz

Die Erlebnisse dort sollten zum grundlegenden Wendepunkt in den Beziehungen von John Hawkins zu den Spaniern werden. Nachdem er sich bereits mit dem stellvertretenden Gouverneur von Veracruz auf ein friedliches Miteinander geeinigt hatte – indem er kurzerhand die Kontrolle über den spanischen Hafen übernahm, um mit der Reparatur seiner Schiffe beginnen zu können –, erfuhr er am 15. September 1568 von dem ebenfalls im Hafen liegenden Kapitän eines spanischen Schiffes, dass schon zwei Tage später Spaniens Silberflotte die Insel erreichen würde – mit dem neuen Vizekönig von Neuspanien, Martín Enríquez de Almansa, an Bord. Diese Flotte bestand aus elf Transport- und zwei Kriegsschiffen. Hawkins weigerte sich zunächst, den Spaniern den Zugang zum Hafen zu erlauben. Da ihm die möglichen Konsequenzen bewusst waren, ging Hawkins auf Verhandlungen ein. Das Ergebnis: Die Spanier konnten ihre Schiffe in den Hafen bringen, und die Engländer erhielten die Garantie, unbehelligt ihre Schiffe reparieren zu können. Doch der Vizekönig hielt sich nicht an seine Zusagen. Stattdessen ließ er in der Nacht Soldaten aus dem nahen Veracruz herbeirufen, bestückte seine Handelsschiffe heimlich mit zusätzlichen Kanonen und begann einen überraschenden Angriff, bei dem fast alle im Hafen vor Anker liegenden englischen Schiffe vernichtet wurden. Dieser Überfall war das erste Seegefecht zwischen Spaniern und Engländern überhaupt. Von 408 Besatzungsmitgliedern der englischen Schiffe überlebten nur ganz wenige. Sie wurden gefangen genommen und zum Teil auf grausamste Art Opfer der spanischen Inquisition.

Hawkins gelang die Flucht an Bord der MINION und Francis Drake entkam an Bord der JUDITH. Doch dieser Zwischenfall, vor allem die grausame Behandlung seiner gefangen genommenen Besatzungsmitglieder, brachte ihn zu der Überzeugung, dass ein Krieg mit Spanien längst unvermeidbar war. Nach dieser Reise war Hawkins von einem Freund Spaniens zu dessen erbittertem Feind geworden. Aufgrund seiner Verdienste wurde er 1577 zum Schatzmeister Englands und zum Revisor der Marine befördert, deren Ausbau er mit aller Kraft vorantrieb. 1588 erhielt er dann von Elizabeth I. seinen Adelstitel und

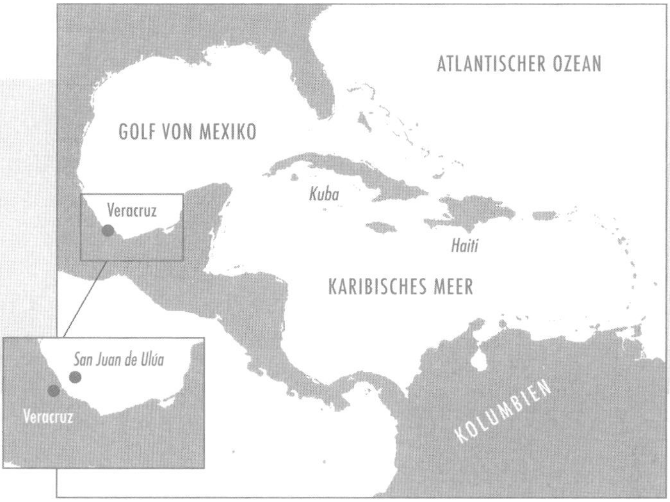


ging als Admiral der VICTORY in den siegreichen Feldzug gegen die Spanische Armada.

Als Führer von Angriffen gegen Spanisch-Südamerika und zuletzt als Parlamentsmitglied machte er sich als überzeugter Gegner Spaniens einen Namen und ging, wo und wie immer es möglich war, gegen die Spanier vor. 1590 stach er noch einmal in See, um eine Schatzflotte der Spanier bei den Azoren aufzuspüren und zu kapern, was aber nicht gelang. Seine letzte Fahrt unternahm Hawkins 1595. Er starb im Alter von 63 Jahren an Bord seines Flaggschiffs auf dem Weg in die Karibik. Mit Sir John Hawkins begannen die ersten Schritte Englands zur späteren See- und Weltmacht.

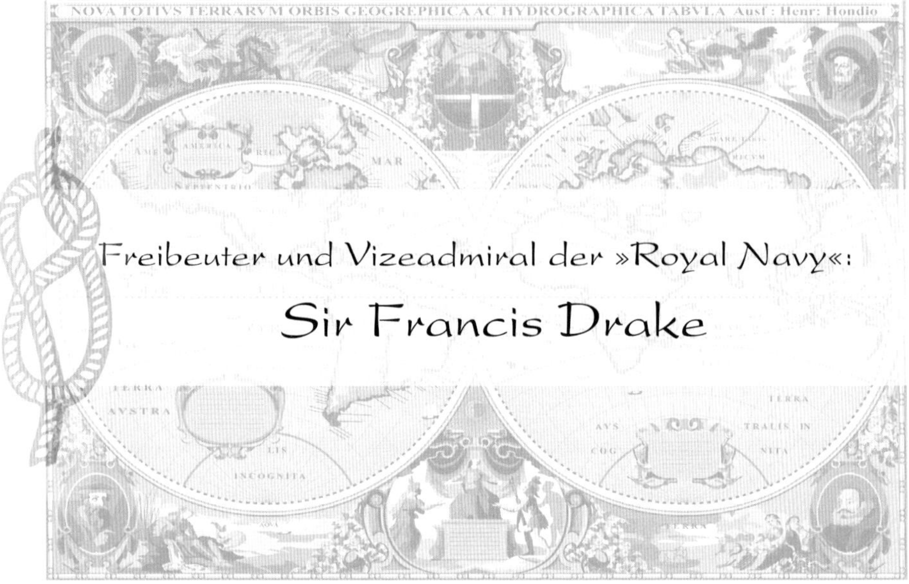


## Freibeuter und Vizeadmiral der »Royal Navy«:

# Sir Francis Drake

An irgendeinem Tag vermutlich des Jahres 1540 – wie bei vielen Seefahrern und Entdeckern der frühen Neuzeit ist auch sein Geburtsdatum nicht bekannt – wurde in dem Örtchen Crowndale nahe Plymouth im Südwesten von England Francis Drake geboren. Zu jener Zeit, fast fünf Jahrzehnte nach der »Entdeckung« Amerikas durch Christoph Kolumbus, war Spanien die größte Seemacht der Welt und Spaniens König Karl I. – seit 1519 als Karl V. auch Kaiser des Heiligen Römischen Reiches Deutscher Nation – ihr mächtigster Herrscher.

In England regierte damals König Heinrich VIII., der nur wenige Jahre zuvor für die Abspaltung der englischen (anglikanisch-protestantischen) von der römisch-katholischen Kirche und dadurch zu Missklängen zwischen dem katholischen Spanien und England gesorgt hatte. Das Verhältnis zwischen beiden Ländern war aufgrund des bereits 1494 durch päpstliche Vermittlung geschlossenen Vertrages von Tordesillas, in dem alle noch zu entdeckenden überseeischen Gebiete entweder Spanien oder Portugal zugewiesen wurden, schon seit längerem angespannt. England hatte diesen Vertrag – wie auch Frankreich und andere Großmächte mit kolonialen Ansprüchen – ohnehin nicht anerkannt.

Das alles war Francis Drake sicher völlig egal, als er in einer protestantischen Bauernfamilie aufwuchs. Im Alter von etwa 13 Jahren zog er aus, um seinen Lebensunterhalt selbst zu verdienen. An Bord eines kleineren Küstenschiffs sammelte er erste Erfahrungen im Segeln. Von den folgenden gut zehn Jahren seiner Biografie gibt es zwar keine gesicherten Erkenntnisse, doch soll ihm der kinderlose Eigner das Schiff nach seinem Tod vererbt haben, als Drake etwa 20 Jahre alt war. Einige Jahre darauf zwang ihn ein Handelsembargo der Spanier über England dazu, sein Schiff mangels entsprechender Einnahmen zu verkaufen.

Nun wandte sich Drake an seinen acht Jahre älteren Cousin John Hawkins in Plymouth. Der war als Kaufmann und Seefahrer schon zu einem gewissen Vermögen gekommen, indem er zuvor das spanische Handelsverbot für die Briten mit der Neuen Welt unterlaufen und den lukrativen Sklavenhandel mit den in der Karibik ansässigen spanischen Siedlern genutzt hatte. Nach einigen ersten Einsätzen bei der Hawkins'schen Flotte erhielt Drake 1567 erstmals das Kommando über ein eigenes Schiff. Am 2. Oktober stachen er und Hawkins mit sechs Schiffen und 408 Mann Besatzung Richtung Afrika in See. Mit fast der gleichen Anzahl an Schwarzafrikanern ging es danach in die Karibik, wo der Großteil von ihnen gewinnbringend verkauft wurde. Doch auf der Rückreise geriet die kleine Flotte in einen schweren Sturm, der sie zwang, im Hafen der kleinen Insel San Juan de Ulúa im Golf von Mexiko festzumachen.

Hier kam es – fast ein Jahr nach Beginn der Reise – zu einer Begebenheit, die das weitere Leben des Francis Drake bestimmte. Eine Arglist der Spanier, die eine friedliche Vereinbarung zwecks Reparatur der britischen Schiffe unterlief, führte zu einem Fiasko. Die Spanier nahmen die Briten unter Beschuss und enterten ihre Schiffe. Trotz heftiger Gegenwehr hatten sie keine Chance. Immerhin gelang es Drake und Hawkins, dem Gemetzel mit ihren beiden Schiffen geradeso zu entkommen. Ende Januar 1569 erreichten sie mit nur wenigen Überlebenden wieder die Heimat.

Dieses verheerende Debakel schürte in dem inzwischen etwa 30-jährigen Drake einen unbändigen Hass. Fortan war er fast unentwegt da-

Sir Francis Drake neben seinem Familienwappen auf der Darstellung eines unbekannten Künstlers

mit beschäftigt, den Spaniern in der Neuen Welt Schaden zuzufügen, wann immer sich ihm die Gelegenheit dazu bot. 1570 unternahm er eine Erkundungsfahrt in die Karibik, um sich ein genaues Bild von den Küstenverläufen zu verschaffen und die Mittel und Wege auszukundschaften, wie die Spanier ihre Schätze abtransportierten. Noch im selben Jahr brach er mit der nur 25 Tonnen schweren SWAN zu seiner ersten Kaperfahrt auf, überfiel von Februar bis Mai 1571 eine Reihe spanischer Schiffe, machte reiche Beute und kehrte anschließend nach Plymouth zurück. Schon ein Jahr später startete er mit der SWAN und der etwa dreimal so großen PASCHA zu seiner nächsten Kaperfahrt. Diesmal beschränkte sich Drake nicht nur auf das Plündern von Schiffen, sondern überfiel die Spanier auch an Land und raubte ihre Schatzkarawanen und Handelsstützpunkte aus. Dabei wurde er von den »Cimarrones« unterstützt – entkommenen Sklaven, die mit Drake eines gemein hatten: den Hass auf die Spanier. Als er im August 1573 wieder Plymouth erreichte, hatte er eine derartige Menge an Gold und Silber erbeutet, dass nicht nur er selbst ein gemachter Mann war, sondern auch seine Geldgeber über ihre Profite außerordentlich erfreut sein durften.

Inzwischen hatten Philipp II. das Erbe seines Vaters Karl I. in Spanien und Elizabeth I. das ihres Vaters Heinrich VIII. in England angetreten. Der britischen Monarchin kamen die Kaperfahrten des Francis Drake zwar ganz gelegen, doch erst vier Jahre später – die Beziehungen zu Spanien sollten vorerst nicht weiter eskalieren – stach er am 15. November 1577 mit fünf Segelschiffen erneut in See. Diesmal ging es nicht in die Karibik, sondern um die Südspitze Amerikas herum in den

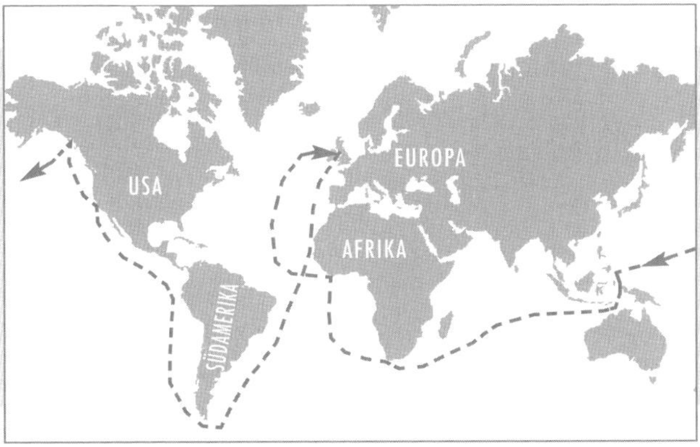


Pazifik. Nach Durchquerung der Magellanstraße ging Drake wieder seiner Lieblingsbeschäftigung nach: Entlang der südamerikanischen Westküste überfiel er reihenweise spanische Häfen und Schiffe und plünderte sie aus – und das, obwohl er nur noch über sein Flaggschiff, die GOLDEN HIND, verfügte, da zuvor zwei Versorgungsschiffe planmäßig aufgegeben wurden und die beiden anderen durch Stürme verloren gegangen waren.

Während seiner Raubzüge erfuhr er von der Galeone NUESTRA SEÑORA DE LA CONCEPCIÓN, die mit einer gewaltigen Ladung Gold, Silber und Schmuck an Bord nordwärts nach Panama segelte. Er nahm die Verfolgung des wegen seiner starken Bewaffnung »Cacafuego«

Zeitgenössischer Holzschnitt (um 1626) der Kaperung des spanischen Schatzschiffes CACAFUEGO durch Drake's GOLDEN HIND

(Feuerspucker) genannten Handelsschiffes auf. Das Schiff wurde nach etwa zwei Wochen auf der Höhe von Kolumbien gesichtet und kurzerhand geentert – der Kapitän hatte hier auf dem Pazifik überhaupt nicht mit einer Bedrohung gerechnet und daher auch keine Abwehrmaßnahmen ergriffen. Der Wert der Beute, die jetzt auf die GOLDEN HIND umgeladen wurde, war so gewaltig, dass er der Hälfte der jährlichen Steuereinahmen der englischen Krone entsprochen haben soll.

Um den Rückweg in die Heimat nicht durch die Magellanstraße und über den Atlantik zu wählen, wo die Spanier mit Sicherheit alles daran gesetzt hätten, Drake den Garaus zu machen und ihm die Beute wieder abzujagen, entschloss sich der erfolgreiche Pirat, in die andere Richtung zu segeln. Am 26. September 1580, fast drei Jahre nach Beginn der Reise, erreichte er Plymouth. Damit war ihm nach Magellan die zweite Weltumsegelung gelungen – mit einem kleinen, aber feinen Unterschied: Drake hatte sie überlebt.

Gut ein halbes Jahr später wurde er für seine Verdienste von Königin Elizabeth I. geadelt und durfte sich von nun an »Sir« nennen. Er zog sich weitestgehend zurück, erwarb in seiner Heimat beachtlichen Landbesitz und war zeitweilig Bürgermeister von Plymouth. Doch dann brach er 1585 nach einer erneuten Provokation der Spanier – diesmal offiziell im Auftrag der Krone – in die Karibik auf, konnte aber nicht an seine früheren Erfolge anknüpfen.

Am 8. Februar 1587 wurde die schottische Königin Maria Stuart, die katholische Erzrivalin von Elizabeth I., wegen Hochverrats hingerichtet. Für Philipp II. war dies der Auslöser, eine Invasion Englands vorzubereiten. Bald darauf erfuhr der Geheimdienst ihrer Majestät, dass noch im Sommer mit einem Angriff der Spanier zu rechnen sei. Daraufhin erhielt Drake den Oberbefehl über eine Flotte von 24 Schiffen, mit der er nach Spanien aufbrach. Im Hafen von Cádiz versenkten und verbrannten die Engländer eigenen Angaben zufolge 37 Schiffe. Anschließend fing die Flotte im Atlantik über 100 Transportschiffe mit Material zum Aufbau der Invasionsflotte ab. Zu guter Letzt fiel Drake eine reich beladene portugiesische Karacke in die Hände, was die ganze Aktion noch

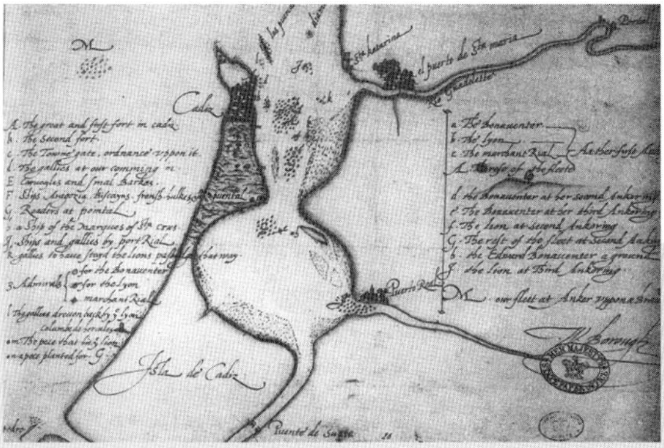


Handschriftliche Skizze vom Angriff des Sir Francis Drake auf die im Aufbau befindliche Spanische Armada im Hafen von Cadiz (1587)

zu einem höchst profitablen Unterfangen machte. Portugal war 1580 an die spanische Krone gefallen.

Die Vorbereitungen auf die Invasion hatte Drake zwar erheblich gestört. Ganz aufhalten ließ sie sich jedoch nicht. Ein Jahr später, am 11. Mai 1588, brach die aus 130 Schiffen bestehende Spanische Armada Richtung England auf und Ende Mai tauchte die gewaltige Seestreitmacht vor der Küste von Cornwall im Südwesten von England auf. Eigentlich hatten die zahlen- und ausrüstungsmäßig klar unterlegenen Briten nicht den Hauch einer Chance, doch ihre wenigen Vorteile wussten sie mit ein wenig Glück zu nutzen. Zu diesen Vorteilen gehörten kleinere, aber wendigere Schiffe, weniger, aber effektivere Geschütze und – ein hoch motivierter Sir Francis Drake, der als Vizeadmiral ein eigenes Geschwader leitete. Alle diese Faktoren zerrieben die Armada, die durch den Ärmelkanal gen Norden die Flucht antrat und versuchte, um Schottland und Irland herum nach Spanien zurückzukehren. Dabei fielen dann noch die meisten der verbliebenen spanischen Schiffe Stürmen und Unwettern zum Opfer. Mit nur 60 Schiffen der ursprünglichen Flotte und einem Verlust von über 20.000 Mann Besatzung kehrten die Spanier in ihre Heimat zurück. Danach unternahm Drake noch eine weitere Kaperfahrt in die Karibik, in deren Verlauf er am 28. Januar 1596 im Alter von etwa 55 Jahren den Folgen einer Krankheit erlag.

Historisch gesehen hat Drake mit seinen Nadelstichaktionen in der Karibik gegen die Spanier und später mit seiner als »Famous Voyage« (berühmte Reise) bekannt gewordenen Weltumsegelung die Spanier zutiefst gedemütigt und ihnen schließlich aufgrund seiner Beteiligung am Kampf gegen die Armada eine äußerst schwere Niederlage mit schwerwiegenden, damals noch gar nicht absehbaren Folgen beschert. Rückblickend betrachtet war dies für viele Historiker der Beginn vom Ende der spanischen Stellung als die Seemacht Nr. 1 in der Welt.

## Vorbild für den Roman »Die Schatzinsel«:

# Piet Pieterszoon Heyn

Piet Pieterszoon Heyn war einer der herausragendsten holländischen Freibeuter, der ab 1621 im Unabhängigkeitskampf der protestantischen Vereinigten Niederlande gegen das katholische Spanien an vorderster Linie mitwirkte. Dabei stellten sich nicht nur Soldaten der Kaufmannsrepublik der Weltmacht entgegen, sondern auch Kaperfahrer, die es auf die Schatzschiffe Spaniens abgesehen hatten. Mehr noch als in England war die Freibeuterei in Holland privatwirtschaftlich organisiert. Und so strebten Männer wie Piet Heyn als private Kaperfahrer im Auftrag großer Handelsorganisationen danach, den Spaniern ihr wertvollstes Gut zu rauben: die Schätze aus der Neuen Welt. Piet Heyn sollte im Jahr 1628 der größte Raubzug aller Zeiten gegen die spanische Silberflotte gelingen. Und das, ohne einen einzigen Schuss abzugeben. Schon allein mit dieser Leistung hätte er sich einen Platz unter den »Top Ten« der europäischen Seeräuber gesichert – wenn der schottische Autor Robert Louis Stevenson nicht zusätzlich noch die Geschichte von Heyn zur Grundlage für seinen berühmten Roman »Die Schatzinsel« (Tresure Island, 1882) gemacht hätte – einem der spannendsten Abenteuerromane der Gegenwart. So ist aus dem bei uns wenig bekannten Piet Pieterszoon Heyn eine Seefahrtslegende geworden.

Porträt von Piet Pieterszoon Heyn, einem der großen Seefahrer und Freibeuter aus den Niederlanden

Piet Heyn wurde 1577 in Delfthaven als Sohn eines Kapitäns geboren. Ende des 16. Jahrhunderts war der Ort einer der wichtigsten Handelsstädte in Holland. Von Delfthaven aus reisten 1620 auch die »Pilgrim Fathers« – so wurden die ersten Siedler und Pioniere der Vereinigten Staaten von Amerika genannt – über England in die Neue Welt. Als Jugendlicher fielen Heyn und sein Vater den Spaniern in die Hände und kamen als Rudersklaven auf eine Galeere. So verbrachte er den größten Teil seiner Jugend auf spanischen Schiffen in Westindien. Er lernte die dortigen Gewässer kennen, das spanische System der Silberflotten und die Spanier – die allerdings von ihrer schlechtesten Seite. Sein Kapitän, ein gewisser Don Juan de Benavides y Bazán, war besonders grausam. 1602 endlich freigekommen, ging Heyn zunächst in den Dienst der Vereinigten Ostindischen Kompanie (VOC) und erwies sich dort als zäher, draufgängerischer Kämpfer und brillanter Stratege. Diese Anfang des 17. Jahrhunderts gegründete Organisation – eine Vereinigung zahlloser holländischer Handelsunternehmen – entwickelte sich in den folgenden Jahren zum erfolgreichsten und mächtigsten Handelskonzern der Welt. 1621 wurde dann die Westindische Kompanie (WIC) speziell für den Handel mit Afrika und Westindien gegründet. Sie stellte Piet Pieterszoon Heyn im Jahr 1623 als Vizeadmiral ihrer Flotte ein.

Zu dieser Zeit kämpfte die Republik der »Sieben Provinzen« (der Vereinigten Niederlande) nicht mehr nur gegen Spanien und für ihre Unabhängigkeit. Zusätzlich zu diesem Konflikt begann 1618 auch der

Dreißigjährige Krieg – ein Glaubenskrieg zwischen Katholiken und Protestanten, der ganz Europa verwüstete und sowohl an Land als auch auf See stattfand. Eine kleine spanische Flotte kämpfte dabei mit Unterstützung flämischer Freibeuter vor Dünkirchen und Oostende höchst erfolgreich, vor allem gegen die holländische Bevölkerung. Jahr für Jahr fielen hunderte ihrer Fracht- und Fischereiboote den katholischen »Verwandten« zum Opfer. Holland und die anderen niederländischen Provinzen bekamen den Krieg um die Weltmeere auf dem Speiseplan zu spüren: Erst wurde der Hering teurer, dann übernahmen die Engländer das Heringsgeschäft, das sie aber nicht beherrschten. Daher schmeckte englischer Hering einfach nur erbärmlich. Für die Holländer war das ein Schlag gegen einen ihrer zentralen Wirtschaftszweige. Güter aller Art blieben in der Seeblockade hängen, Versicherungsprämien explodierten, der Schaden wuchs. In dieser Phase stemmten sich vor allem holländische Handelsfahrer gegen die spanische Übermacht vor ihrer »Haustür« – und machten erstmals mit wirksamer Gegenwehr auf sich aufmerksam. Die erfahrenen Seeleute verstanden ihre Flotte dabei nicht als eine Art schwimmende Armee, sondern als eine neue, eigenständige Waffe. Das Kommando über die Schiffe hatten eben nicht – wie sonst üblich – adlige Landoffiziere, die kaum Verständnis für die Seekriegsführung aufbrachten. Nein, es waren Schiffskapitäne, die sich vom Unterdeck aus heraufgearbeitet hatten. In dieser Zeit großer Not brachten die Niederländer eine Reihe begnadeter Flottenkommandeure hervor. Einer von ihnen war Piet Pieterszoon Heyn.

Ausgestattet mit einem offiziellen Kaperbrief, sollte Heyn als Kaperfahrer der Westindischen Kompanie also zukünftig spanische und portugiesische Schiffe überfallen. Während Spanien sich an der holländischen Küste »festgebissen« hatte und vor den Festungen Hollands ein Sieg eines der beiden Kontrahenten nicht in Sicht war, sahen die Verantwortlichen der Westindischen Kompanie die einmalige Chance, Spanien in dessen amerikanischen Kolonien mal einen richtigen Schlag zu versetzen. Durch regelmäßige Berichte eigener Seeleute war ihnen nicht entgangen, dass es der spanischen Krone immer schwerer fiel,

Historisches Wappen der Familie Heyn mit seinem typischen Kennzeichen, dem Vogel auf dem Zaun

die notwendigen Transport- und Kriegsschiffe für ihre Geleitzüge zusammenzubringen, denn sie beschlagnahmten sowohl einheimische als auch fremde Kauffahrer in ihren eigenen Häfen und reduzierten mit großem Risiko den Geleitschutz. Das ließ nur einen Schluss zu: Spaniens Kassen waren leer. Am 17. September 1628 gelang dem Freibeuter Piet Heyn dann dieser vor allem psychologisch enorm wichtige Schlag: Er schaffte es, die spanische Schatzflotte in der etwa zehn Meilen östlich von Havanna gelegenen Bucht von Matanzas aufzuspüren, sie zu jagen und am Ende kampflos zu kapern. Die riesige Beute ließ Piet Heyn auf der schwer zugänglichen »Isla de Pinos« (Insel der Jugend) südlich von Kuba vergraben, um eine mögliche Rückeroberung durch die Spanier zu vereiteln. Dieser kluge Schachzug wurde zur Grundlage des Romans »Die Schatzinsel«.

Illustration eines vergrabenen Piratenschatzes direkt in Küstennähe

Wenige Wochen zuvor, im August 1628, segelte ein spanischer Schiffsverband – die legendäre Silberflotte – von Veracruz im Golf von Mexiko aus nach Havanna ab, um sich dort für die einmal jährlich stattfindende Überfahrt nach Europa mit weiteren spanischen Transportschiffen zu vereinigen. Angeführt wurde der Verband von Don Juan de Benavides y Bazán – jenem Günstling des Königs, den Piet Heyn bereits in seiner Jugend schmerzlich kennengelernt hatte. Der zweite Teil der Flotte war gerade noch rechtzeitig vor einem starken holländischen Kaperverband mit 35 Schiffen gewarnt worden und blieb zum eigenen Schutz im Hafen von Cartagena liegen. Doch davon wusste Flottenkommandeur Benavides natürlich nichts. Über abgefangene Kurierschiffe erfuhr Heyn zwischendurch, dass seine Kaperschiffe bereits entdeckt worden waren – aber auch, wer sein Gegner auf spanischer Seite war. Bisher war es ihm nur noch nicht gelungen, Spaniens Silberflotte zu finden.

Heyns Schiffe lagen in der Nähe von Havanna auf der Lauer und warteten bereits seit Wochen auf ihre lohnende Beute. Sie waren kurz davor aufzugeben und nach Holland zurückzusegeln, als ein Sturm aufkam. Am 17. September 1628 verlegten die Holländer ihre Flotte nach Osten, um nahe der Bucht von Matanzas Schutz vor dem schlechten Wetter zu suchen. Dort angekommen, staunten die Holländer nicht schlecht, als sie hier 15 Schiffe der gesuchten spanischen Silberflotte vor Anker liegend vorfanden. Als sich Heyns Kaperschiffe den Spaniern näherten, verlor Benavides die Nerven. Er beschloss, mit allen Schiffen direkt in die Bucht von Matanzas zu flüchten. So wollte er die Schätze in Sicherheit bringen – oder wenigstens sein Leben. Doch Heyn setzte nach. Dabei wandten die findigen Holländer ein Mittel an, das die Spanier bisher nicht kannten: Sie gossen Wasser über die Segel, um mehr vom Wind zu haben, und holten tatsächlich auf. Dennoch erreichten die Spanier mit dem Sonnenuntergang als Erste die Bucht. Da jedoch der sonst übliche abendliche Landwind länger als sonst ausblieb, liefen sowohl das Flaggschiff als auch drei weitere Galeonen bei der Einfahrt auf Grund. Unter den Spaniern brach Panik aus. Wer konnte, stopfte

sich Perlen, Silber und Gold in Taschen oder Beutel und rettete sich an Land. Die Zurückgebliebenen gaben kampflos auf. So erbeutete Piet Heyn die Silberflotte praktisch ohne Gegenwehr. Auch Heyns früherer Peiniger Benavides entkam, so dass er an ihm keine späte Rache nehmen konnte. In Spanien löste die Nachricht vom Verlust der halben Silberflotte Entsetzen aus. Es soll eine Woche gedauert haben, bis König Philipp IV. wieder ansprechbar war. Die Niederländer hatten durch diesen Geniestreich zwölf Millionen Gulden gewonnen. Spaniens Staatsschatz war erschöpft, seine Kreditwürdigkeit ruiniert. Während andere triumphierten, musste Spanien Bankrott erklären.

Piet Heyn erlebte die Folgen seiner Heldentat nicht mehr. Er fiel in dem Krieg, der ihn einst zum Volkshelden gemacht hat: 1629 zertrümmerte ihm eine Kanonenkugel flämischer Freibeuter die Brust. Geblieben ist von ihm die Vorlage für den fantastischen Roman »Die Schatzinsel« – und die Erinnerung an einen Volkshelden, der sich zur tragenden Figur in zahlreichen niederländischen Gedichten und Volksliedern entwickelte und der ein wichtiger Bestandteil des niederländischen Nationalstolzes ist. Das Lied über Piet Heyn »De Zilverfloot« von 1949 gehört noch heute nicht nur zu den beliebtesten Fangesängen in niederländischen Fußballstadien, sondern wird auch von großen Chören gesungen. Frei übersetzt geht der Text ungefähr so: »Habt ihr von dem großen Piet Heyn schon gehört, dem Seehelden von Oranien? Der hat sich um Tod nicht um Teufel geschert und nicht um den König von Spanien. Refrain: Piet Heyn, Piet Heyn, sein Name, der ist klein. Doch seine Taten, die sind groß, seine Taten, die sind groß. Er hat sich genommen die silberne Flott ....«

# Gejagt und geadelt von der britischen Krone: Sir Henry Morgan

Durch die Art der »Arbeit« von Piraten, Söldnern, Freibeutern und Bukaniern wird ihnen nur selten die Ehre zuteil, geadelt zu werden und, wie in England üblich, den Titel »Sir« vor ihrem Namen tragen zu dürfen. Außer Sir Francis Drake gelang das nur ganz wenigen – darunter Henry Morgan. Er erhielt diesen Titel im Jahr 1674 vom britischen König Charles II., der ihn damit zugleich zum Ritter schlug. Die Auszeichnung erhielt er als Belohnung für einen glorreichen und spektakulären Angriff auf Panama, die wohl reichste Stadt jener Zeit – dank des spanischen Goldes, auf das England schon lange ein Auge geworfen hatte. Ob er den Titel verdient hat, war lange Zeit umstritten. Ohne Frage war Morgan jedoch einer der mutigsten, intelligentesten und auch erfolgreichsten Seeräuber aller Zeiten.

Henry Morgan wurde 1635 im Westen der britischen Insel geboren. Der Sohn eines walisischen Bauern soll als Kind entführt und schon früh nach Barbados verschleppt worden sein. Dort schloss er sich wenig später den auch »Brüder der Küste« genannten Bukaniern an, einem gut organisierten Piratenverband, der im englisch-holländischen Krieg kämpfte, aber hauptsächlich spanische Schiffe überfiel. Andere Quellen berichten, er sei der »Royal Navy« beigetreten und habe sich ab 1655 an der Eroberung Jamaikas und der Vertreibung der Spanier beteiligt. Erst zehn Jahre später, als Henry Morgan als Vizekommandant einer Gruppe Bukanier gegen Spanien kämpfte, wurde sein Name schlagartig bekannt.

Von London aus betrachtet war der Einsatz von Bukaniern ein preisgünstiger und durchaus rentabler Weg, gegen Britanniens Hauptrivalen Spanien Krieg zu führen. So genehmigte die englische Krone die Kaperschiffe und legalisierte die Überfälle gegen einen Anteil am Profit. Die Bukanier wurden von Jamaikas Gouverneur Thomas Modyford direkt eingeladen, Port Royal zu ihrer Operationsbasis zu machen.

Ab 1666 befehligte Morgan daher auch sein eigenes Schiff – unter der Schirmherrschaft des Gouverneurs von Jamaika. Mehrere Jahre war Morgan so »im Auftrag der Krone« unterwegs. Dank seiner Unverfrorenheit und seines taktischen Geschicks kam er schnell zu Ruhm und Reichtum. Er wurde zum Schrecken der spanischen Kolonien und zu einem der berüchtigtsten Piraten der Karibik. Gefangenen gegenüber war er gnadenlos. Er soll sie verstümmelt und bestialisch gequält haben. Frauen blieben nur verschont, wenn sie der Mannschaft zu Willen waren. Er liebte das Töten. Doch während er von außen betrachtet oftmals als »Tyrann« dargestellt wird, gab es auch eine andere Seite: die des liberalen Schiffsführers, der Schlachtpläne und Ziele mit seiner Crew gemeinsam abstimmte und sogar »Arbeitsverträge« mit ihnen erarbeitete. Morgan wurde zum Urheber eines eigenen Piratencodex´ – der so genannten »Articles of Agreement« (zu deutsch: Artikel der Übereinkunft). Im Laufe seines Lebens verfasste er detaillierte Vertragspapiere, die jeder Pirat beim Anheuern unterschreiben musste. Heute befinden sich diese Unterlagen sicher verwahrt im »Archivo General de Indias« im südspanischen Sevilla. Sämtliche Rechte und Pflichten wurden darin festgelegt, so auch ein demokratisches Mitspracherecht bei der Kapitänswahl und ein fester Anteil an der Beute. Und es gab sogar eine Art »Zusatzgroschen« für den Fall einer Verletzung – also eine frühe Form der Invalidenrente oder Berufsunfähigkeitsversicherung. Bei seinen Männern war Morgan auch deshalb ein geachteter Mann, dem sie fast blind vertrauten. In seinen besten Tagen befehligte er mehr als 30 Schiffe mit über 3.000 Mann.

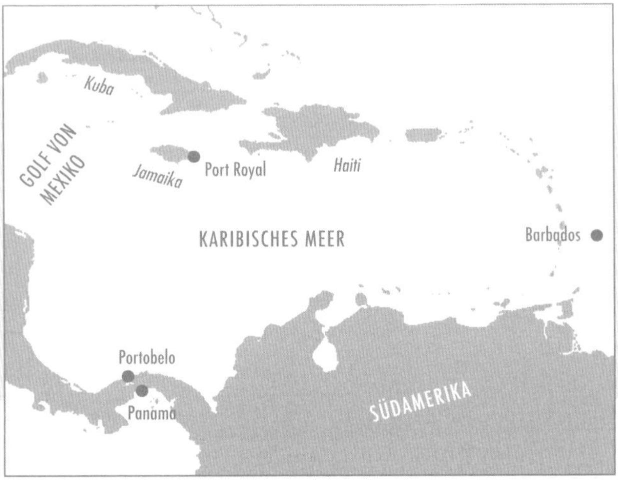


Am 11. Juli 1668 eroberte Henry Morgan zunächst die Festungsstadt Portobelo – eine wichtige Hafenstadt, in der wertvolle Waren auf den Transport nach Europa warteten. Portobelo war zudem die Endstation der Gold- und Silberroute, die von Südamerika aus über Panama und verschlungene Dschungelpfade bis in die Hafenstadt führte. Von hier aus segelten die schwer bewaffneten Fregatten mit ihrer kostbaren Ladung nach Sevilla. Seit der Entdeckung durch Christoph Kolumbus siedelten in Portobelo vor allem spanische Kaufleute und Mitglieder christlicher Missionsorden. Der riesige Naturhafen war in jenen Tagen der wichtigste Umschlagplatz Mittelamerikas für exotische Gewürze und Edelmetalle. Die Festung galt als sicher und uneinnehmbar.

Am 19. Januar 1670 gelang Morgan dann sein größter Streich: Er führte eine Flotte von 36 Piratenschiffen gegen die Spanier – direkt zur Stadt Panama, dem Goldlager Westindiens. Zusammen mit Cartagena in Spanien war sie der Hauptumschlagsplatz der spanischen Goldschiffe. Morgan segelte direkt in den Hafen und vernichtete eine wesentlich größere Streitmacht seiner Gegner. Er brannte die Stadt vollständig nieder und machte sich mit einer riesigen Beute davon. Inzwischen hatten Spanien und England jedoch Frieden geschlossen. Henry Morgans Angriff war ein paar Tage zu spät gekommen, und die Spanier forderten Sanktionen. So wurden Morgan und auch der Gouverneur 1672 auf Jamaika festgenommen und nach England gebracht.

Doch der Waffenstillstand mit Spanien hielt nur kurze Zeit. Als 1673 ein neuer Krieg zwischen England und Holland um die Kolonien ausbrach, benötigte der König dringend »karibische Kenntnisse«. Henry Morgan wurde aus dem Kerker zu zahllosen Banketts gebeten, um zu erzählen, wie er die Spanier bekämpft hatte. Der König war von Morgans Wissen so angetan, dass er ihn unverzüglich freiließ. Seinen umfangreichen Kenntnissen und Fähigkeiten war schließlich die steile »Beförderung« vom Verschleppten zum englischen Nationalheld zu verdanken, denn Henry Morgan wurde nicht nur begnadigt, sondern sogar offiziell geadelt. Auf dem Höhepunkt seiner zweifelhaften Karriere angelangt, kehrte Morgan nach Port Royal zurück und begann, seine ehemaligen Mitstreiter, die »Brüder der Küste«, im Auftrag der britischen Krone zu verfolgen. Als »Judge of the High Court of the Admiralty« (Richter der Admiralität) machte er immer unerbittlicher Jagd auf seine ehemaligen Verbündeten. Sir Henry Morgan galt danach als angesehener Mann, der große Reichtümer besaß. Später zog er sich in seine Villa in Llanrummney auf Jamaika zurück, baute Zuckerrohr an und gab sich der Trinkerei hin.

Von Reue und einem schlechtem Gewissen geplagt, vermachte er einen großen Teil seines Vermögens der Kirche. In der St. Peters Church sollen die Geistlichen diesen Schatz angeblich noch heute hüten. Henry Morgan starb am 25. August 1688 und erhielt als englischer Nationalheld in Port Royal ein Staatsbegräbnis. Sein Grab sowie die Stadt wurden 1696 bei einem Erdbeben zerstört.

# Schrecklicher Seeräuber oder unschuldiges Bauernopfer: William Kidd

Im Sommer des Jahres 1695 kam es in der Londoner Dover Street am Wohnsitz des irischen Grafen von Bellamont zu einer folgenreichen Zusammenkunft. Hier trafen sich der Gastgeber mit dem angesehenen New Yorker Geschäftsmann Robert Livingston sowie dem ebenfalls in New York lebenden Kaufmann, Reeder und Kapitän William Kidd. Gegenstand der Unterredung war ein recht verwegener Plan, der einer Idee von Livingston entsprang. Dabei ging es um ein riskantes, aber im Erfolgsfall für alle Beteiligten höchst profitables Geschäftsvorhaben: die Jagd auf Piratenschiffe.

Zu jener Zeit hatte sich der Indische Ozean zu einem wahren Tummelplatz für Seeräuber entwickelt. Ausgelöst durch äußerst erfolgreiche Kaperfahrten in diesem Seeraum, verließen immer mehr Seeräuber die Karibik, um in Fernost von den sagenhaften Reichtümern zu profitieren, die auf dem Seeweg zwischen Indien und Arabien transportiert wurden. Das wiederum führte zu Verstimmungen zwischen den dortigen Herrschern mit der »East India Company«, der britischen Ostindien-Gesellschaft. Daher bat die Gesellschaft König William III. um Unterstützung. Doch der sah sich außerstande, Schiffe der »Royal Navy« zur Verfügung zu stellen, da sie wegen des Krieges gegen Frankreich anderweitig benötigt wurden. Immerhin erklärte er sich bereit, die Beamten und Gouverneure in den amerikanischen Kolonien Englands zu ersetzen, die sich zusammen mit einigen Großkaufleuten an der Piraterie bereicherten und sie dadurch förderten. Des Weiteren galt es, private Unternehmen zu unterstützen, die den Piraten ihre Beute wieder abjagen sollten, zumal auch dies die Finanzen des Königreichs nicht belastete.

Der Erste, den das »Austauschprogramm« traf, war der korrupte Gouverneur von New York, Benjamin Fletcher. Zu offensichtlich hatte er Piraten begünstigt, von ihnen Geschenke angenommen und mit Thomas Tew einen ihrer berühmtesten Vertreter höchstpersönlich empfangen und hofiert. Zu seinem Nachfolger bestimmte der König einen Iren namens Richard Coote. Hinter dem bürgerlichen Namen dieses Mannes verbarg sich der »Earl of Bellamont« – jener Graf also, in dessen Haus in London das eingangs erwähnte Treffen stattfand. Der designierte Gouverneur von New York, der zum Zeitpunkt des Treffens bereits zu Fletchers Nachfolger ernannt worden war und sich zuvor als Gouverneur von Barbados einen tadellosen Ruf erworben hatte, war von Livingstons Plan begeistert. Dank seiner exzellenten Kontakte zu den höchsten Kreisen konnte er binnen kürzester Zeit vier hochrangige Persönlichkeiten als Finanziers gewinnen: den Gründer der Bank von England, Charles Montagu, den Außenminister seiner Majestät, Graf von Shrewsbury, den ersten Lord der Admiralität, Graf von Orford, und Sir John Somers, den Lordsiegelbewahrer und Inhaber eines der höchsten und einflussreichsten politischen Ämter Englands.

Damit war die Finanzierung des Vorhabens gesichert. Immerhin gehörte zu dem Plan der kostspielige Bau eines der modernsten Kaperschiffe seiner Zeit. Und mit dem damals etwa 40-jährigen William Kidd stand auch schon der Kapitän für diese Expedition fest. Sechs Jahre zuvor war der gebürtige Schotte als Freibeuter in Diensten der britischen Krone in die Karibik aufgebrochen und hatte einige erfolgreiche Kaperfahrten geleitet. Nach dieser Zeit gelangte Kidd nach New York, wo er eine junge und wohlhabende Witwe heiratete, die ihm zwei Kinder gebar. Ihr Vermögen verhalf ihm zu Wohlstand und Ansehen, und eigentlich hätte er den Rest seines Lebens glücklich und zufrieden als Kaufmann und Familienvater in New York verbringen können. Doch mit der Zeit schien ihm etwas zu fehlen: die Seefahrt und das Abenteuer.

So segelte er 1695 mit seinem eigenen Schiff ANTEGOA nach London, wo er Robert Livingston begegnete, der in ihm den idealen Kapitän für seinen Plan sah. Kidd hatte Erfahrung als Seemann, kannte sich mit Kaperungen und Piraten aus, war finanziell unabhängig und galt nicht zuletzt aufgrund seiner familiären Situation als zuverlässig. Auch Kidd hatte das gefunden, wonach er gesucht hatte: eine neue Herausforderung.

Im Oktober wurde der Vertrag von Livingston, Kidd und dem »Earl of Bellamont« unterzeichnet. Letzterer finanzierte zusammen mit den vier hohen Herren, die offiziell nicht in Erscheinung traten, mit 6.000 der insgesamt 7.500 britischen Pfund den Großteil der Kosten, die für das Unternehmen veranschlagt wurden. Livingston und Kidd brachten den Rest auf. Abzüglich der zehn Prozent, die der Krone bei Kaperfahrten zustanden, sollte der restliche Anteil der zu erwartenden Beute wie folgt verteilt werden: 60 Prozent für den Grafen und seine Hintermänner, 15 Prozent für Livingston und Kidd sowie 25 Prozent für die Mannschaft. Diese Verteilung war absolut unüblich, da der Mannschaft eines Kaperschiffes unter normalen Umständen 60 Prozent zustanden. Und es war nicht das einzige Vertragsdetail, das ein wenig verwundern lässt, warum vor allem Kidd seine Unterschrift darunter setzte. Denn es wurde auch vereinbart, dass er und Livingston im Fall des Misserfolgs die 6.000 Pfund an die Geldgeber zurückzuerstatten hätten. Von Beginn an stand Kidd also unter enormem Erfolgsdruck.

Um dem Vorhaben noch einen legalen Anstrich zu geben, erhielt er einen königlichen Kaperbrief, der ihn ermächtigte, Schiffe oder Handelsgüter des Kriegsgegners Frankreich aufzubringen. Darüber hinaus hatte er die Sondervollmacht, Piratenschiffe zu kapern, die Seeräuber festzunehmen und alle ihre Wertgegenstände an sich zu bringen. Im Dezember lief das neue 287-Tonnen-Schiff, die für ca. 150 Mann Besatzung vorgesehene und mit 34 Geschützen bestückte ADVENTURE GALLEY, vom Stapel.

Am 29. Februar 1696 – einem Schaltjahr – stach die ADVENTURE GALLEY in See oder besser in Fluss, denn zunächst ging es von London aus die Themse entlang zum Ärmelkanal. Doch schon hier gab es den ersten Rückschlag: Als einer Yacht der »Royal Navy« angeblich nicht der obligatorische Gruß entgegengebracht wurde, kam eine Patrouille an Bord und nahm die meisten der zunächst 70 sorgsam ausgewählten Seeleute fest, um sie für die Kriegsmarine zwangszurekrutieren. Zwar konnte Kidd die Besatzung noch in England zahlenmäßig wieder auffüllen, doch nur mit zum Teil höchst dubiosen Gestalten. Als er schließlich im Juli in New York eintraf, wo er sich für die weite Reise mit Proviant versorgen und den Rest der Besatzung – auch hier musste er sich mit am Rande der Gesellschaft stehenden Männern zufrieden geben – anheuern wollte, rang ihm die neue Mannschaft ein Zugeständnis ab: Bevor es überhaupt losgehen konnte, musste er deren Anteil auf die üblichen 60 Prozent erhöhen. Das stürzte ihn in ein kaum lösbares Dilemma.

Doch er hatte keine andere Chance. Also segelte er von New York aus quer über den Atlantik um das Kap der Guten Hoffnung herum, und im September 1696 erreichte die ADVENTURE GALLEY den Indischen

Ozean. Es folgte eine fast einjährige Suche nach Piraten- oder französischen Handelsschiffen, in deren Verlauf aber lediglich eine kleine maurische Bark geentert werden konnte. Die Stimmung an Bord wurde zusehends schlechter, und als sich Kidd schließlich weigerte, ein englisches Frachtschiff zu kapern, weil dies ein Akt der Piraterie gewesen wäre, kam es zum Eklat: Nach einem heftigen Wortwechsel mit Geschützmeister William Moore ergriff Kidd einen eisenbeschlagenen Kübel und schleuderte ihn seinem Widersacher an den Kopf. Tags darauf erlag Moore den Folgen eines Schädelbruchs.

Dadurch hatte sich der Kapitän – wenigstens vorerst – etwas Respekt verschafft. Als Ende November 1697 vor der westindischen Malibarküste ein mit französischem Pass fahrendes Schiff aufgebracht wurde, schien der Bann gebrochen. Doch das Gegenteil war der Fall: Da der Schiffseigentümer Inder war, handelte es sich um Piraterie. Das aber war Kidd jetzt wohl egal, da er die Gefahr einer Meuterei inzwischen als gefährlicher einstufte als eine Strafverfolgung in der Heimat, zumal er sich nach wie vor unter dem Schutz der Krone wähnte. In den nächsten Wochen wurden ein maurisches und ein portugiesisches Handelsschiff aufgebracht, bis am 30. Januar 1698 der scheinbar große Coup gelang: die Kaperung der QUEDAH MERCHANT, eines 500 Tonnen schweren Handelsschiffes, reich beladen mit Gold, Juwelen, Seidenwaren, Zucker, Salpeter und anderem mehr – und ebenfalls mit einem französischen Pass ausgestattet. Als sich jedoch herausstellte, dass es sich um das Schiff eines indischen Eigners unter Führung eines englischen Kapitäns handelte, wollte Kidd es zurückgeben, doch konnte er sich gegen seine Mannschaft nicht mehr durchsetzen.

In Begleitung der QUEDAH MERCHANT ging es nun zur östlich von Madagaskar gelegenen Insel St. Marie. Das einzige dort vor Anker liegende Schiff war – endlich – ein Piratenschiff. Doch als Kidd seinen Leuten befahl, die MOCHA, eine von Piratenkapitän Robert Culliford erbeutete Fregatte, in ihre Gewalt zu bringen, weigerten sie sich. Nun hatte er vollends die Kontrolle über die Besatzung verloren. Er verkaufte einen Teil der Beute der QUEDAH MERCHANT und zahlte seine Männer aus, deren größter Teil anschließend zu Culliford überlief. Er konnte noch von Glück sagen, dass der ihn mit dem Rest der Beute und einer ihm treu ergebenen Rumpfbesatzung mit der QUEDAH MERCHANT – die ADVENTURE GALLEY war nicht mehr seetüchtig – ziehen ließ. Nach fünf Monaten des Wartens auf günstige Winde lichtete die QUEDAH MERCHANT am 15. November 1698 die Anker.

In der Heimat hatten mittlerweile die verzerrt wiedergegebenen Meldungen über seine vergleichsweise harmlosen Aktivitäten im Indischen Ozean für Aufruhr gesorgt. Kidd wurde als gemeiner und verabscheungswürdiger Pirat dargestellt. Seine Unterstützer distanzierten sich von ihm, und ein Gnadenerlass, der weitaus schlimmere Zeitgenossen ungeschoren davonkommen ließ, nahm ihn ausdrücklich aus. Als er im Juni 1699 vor »Long Island« ankam, hoffte Kidd noch immer auf den Beistand des »Earl of Bellamont«, des Gouverneurs von New York. Der jedoch lockte ihn in eine Falle, ließ ihn verhaften, in Einzelhaft bringen und in Ketten legen. Nach achtmonatiger Haft folgte die Verlegung nach London, wo er in dem berüchtigten Gefängnis Newgate unter unwürdigsten Umständen auf seinen Prozess warten musste, der am 8. und 9. Mai 1701 – fast zwei Jahre nach seiner Festnahme – stattfand.

Erneut hatte er keine Chance. Das Logbuch der ADVENTURE GALLEY hatten die Deserteure auf St. Marie vernichtet, und die französischen Pässe von zwei gekaperten Schiffen, die ihn hätten entlasten können, hatte Graf von Bellamont, dem sie in die Hände gefallen waren, verschwinden lassen. Die Zeugen der Anklage, zwei seiner ehemaligen Besatzungsmitglieder, belasteten Kidd mit einer Reihe offensichtlicher Falschaussagen, die er nicht widerlegen konnte. Wegen des Mordes an Moore und fünffacher Piraterie angeklagt, wurde er in allen Anklagepunkten für schuldig befunden und zum Tode durch den Strang verurteilt.

Das Urteil wurde am 23. Mai des Jahres 1701 vollstreckt. Kidds Leichnam wurde anschließend mit Teer bestrichen, in ein eisernes Gerüst gesteckt und zur Abschreckung am Ufer der Themse aufgehängt. Der

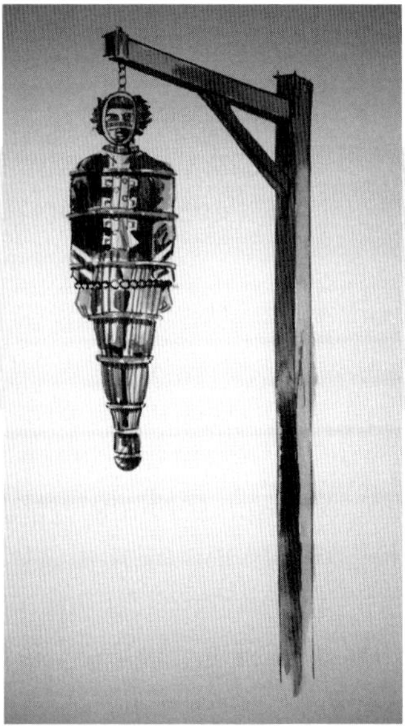

Das tragische Ende eines Seeräubers, der keiner war: Pinselzeichnung von William Kidds am Galgen baumelndem Leichnam

Mitinitiator der »Untaten« des William Kidd, Graf von Bellamont, der die Verhaftung betrieben hatte, um seine und die Verstrickung der vier hochrangigen Hintermänner in dieses Unternehmen zu vertuschen, war drei Monate zuvor verstorben. Und die beiden französischen Pässe, die Kidd hätten entlasten können, tauchten 1920 im britischen Staatsarchiv wieder auf – exakt 219 Jahre zu spät.

## Der gefürchtetste Seeräuber aller Zeiten:

# Edward Teach (Blackbeard)

In Verbindung mit der Seefahrt ist der Name »Blackbeard« oder »Schwarzbart« wohl selbst den hoffnungslosesten Landratten ein Begriff. Dahinter verbirgt sich der mit Abstand grausamste und berüchtigtste Pirat seiner Zeit – vielleicht sogar der berüchtigtste Seeräuber, der je gelebt hat. Sein richtiger Name war Edward Teach (oder auch Edward Thatch). Und obwohl sehr wenig über sein Leben vor Beginn der Piratenkarriere bekannt ist, scheint doch erwiesen zu sein, dass er um das Jahr 1680 herum in der englischen Stadt Bristol geboren wurde.

Edward Teach war ein rauer und unangenehmer Zeitgenosse. Seinen Kampfnamen »Blackbeard«, den er sich irgendwann zulegte und durchaus zu seinem Vorteil pflegte, trug er wohl vollkommen zu Recht. Denn er hatte einen unglaublich dichten Bartwuchs, der fast sein gesamtes Gesicht bedeckte. Außerdem steckte er sich vor einer Schlacht oder auf Raubzügen langsam brennende Lunten an das Ende seines wild wuchernden schwarzen Bartes, die er anzündete, wenn sich feindliche Schiffe näherten. Damit wirkte er noch Angst einflößender und dämonischer, als es sein Ruf ohnehin schon war. Diese »teuflische« Erscheinung, die er selbst kultivierte, hat ihn schließlich zum Inbegriff des unerschrockenen Seeräubers werden lassen. In vielen Fällen reich-

Gelungene Pinselzeichnung des berüchtigten Piraten »Blackbeard« (Schwarzbart)

te sein bloßer Anblick – wie er mit seinem glühenden, rauchenden schwarzen Bart an Deck stand –, um gestandene Mannsbilder, erfahrene Handelskapitäne und alte »Seebären« so zu erschrecken, dass sie sofort und ohne Gegenwehr kapitulierten. Vieles an Teach passt zum Klischee des furchtlosen Gesellen – so, wie wir uns heute die Piraten jener Tage vorstellen, denn von Schwarzbart wird berichtet, dass er stets mit mehreren Pistolen, Degen und Messern bewaffnet gewesen sein soll. Dazu passt sicher auch sein Lebenstraum: Sein größtes Ziel soll es gewesen sein, den legendären Goldschatz des berüchtigten William Kidd zu finden. Und noch eine alte Seemannslegende wird dem Lebenswandel des Piraten Edward Teach zugeschrieben: als Seemann in jedem Hafen eine Frau zu haben. Berichten zufolge soll Schwarzbart jedenfalls 14 Mal verheiratet gewesen sein.

Schon in seinem Geburtsort Bristol muss der junge Teach zum ersten Mal Seeräuber getroffen haben: finstere Gesellen, die ihre geraubten Güter dort zum Kauf anboten. Schon früh hat ihn dabei wohl deren Freiheit fasziniert. Zu Beginn des 18. Jahrhunderts, während des

Spanischen Erbfolgekrieges (1701–1714), verließ er Bristol und ging als Hilfsmatrose an Bord eines Kaperschiffes in die Karibik, in der britische Freibeuter der spanischen Seefahrt damals schweren Schaden zufügten. Die Kapitäne dieser Schiffe besaßen offizielle Kaperbriefe, die sie dazu berechtigten, feindliche Schiffe zu kapern und Beute zu machen. Zu dieser Zeit war diese Form der Piraterie ein legitimes Mittel, um im Namen des britischen Königshauses feindliche Schiffe zu entern, Wertgegenstände zu rauben oder um sich Gelder zu beschaffen. Hierfür stellte das Königshaus Schutzbriefe aus, die gleichzeitig eine Generalamnestie für die Freibeuter darstellten. Vor diesem zeithistorischen Hintergrund lernte Teach sein Handwerk auf dem Schiff des Freibeuters und späteren Piratenjägers Benjamin Hornigold, der ihm bald das Kommando über sein erstes Schiff, eine kleine Schaluppe, übergab. Problematisch wurde die Situation für die Freibeuter vor Jamaika erst, als der Krieg gegen die Franzosen – die sich ja im Erbfolgekrieg mit Habsburg und England um den spanischen Thron stritten – im Jahr 1714 beendet wurde. Damit hatte die Freibeuterei keine Legitimation mehr.

Doch dieses »Geschäft« war zu einfach und ertragreich. Und so war der Anreiz, die begonnene Kaperkarriere wieder aufzugeben, äußerst gering. Deshalb setzten Hornigold und sein Mitstreiter »Schwarzbart« ihre Arbeit auch ohne Erlaubnis der Krone fort – illegal natürlich. Beide pfiffen auf den Gnadenerlass des englischen Königs und raubten nun auf eigene Rechnung. Schnell machte Teach an der Küste vor Havanna seine erste eigene Beute, indem er ein spanisches Frachtschiff um 120 Sack Mehl erleichterte. Hornigold ernannte ihn daraufhin kurzerhand selbst zum Kapitän und gab damit schließlich den Startschuss für die getrennten Wege der beiden Seeräuber. Innerhalb kürzester Zeit machte »Schwarzbart« eine beispiellose Karriere, die ihm aufgrund seiner enormen Brutalität und Grausamkeit Weltruf einbrachte. Anfangs agierte er dabei rund um die Westindischen Inseln – einem Seegebiet um Kuba und Haiti herum, das seinen Namen Christoph Kolumbus verdankt, denn der rechnete auf seinem westlichen Seeweg nach Indien nicht damit, einen neuen Kontinent zu finden. Heute ist diese Gegend besser unter dem Begriff Antillen bekannt, abgeleitet von der lateinischen Bezeichnung »ante ilium« (vorgelagerte Inseln). Nur waren sie eben Mittelamerika vorgelagert und nicht Indien.

Mit seinem Flaggschiff QUEEN ANNE'S REVENGE (Königin Annes Rache), dem 1716 gekaperten französischen Sklavenschiff LA CONCORDE, das er mit einer Besatzung von 300 Mann und 40 Kanonen ausrüstete, machte Schwarzbart 18 Monate lang die Gegend zwischen Virginia

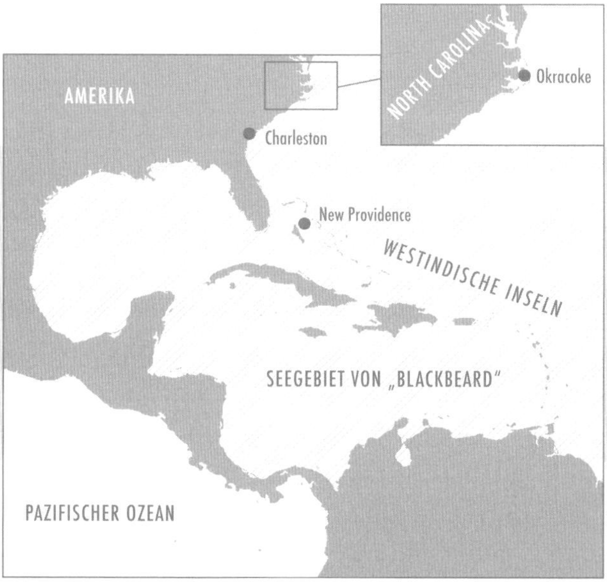


und Honduras unsicher und erbeutete dabei mindestens 20 Schiffe. Auf seinen Raubfahrten in alle Himmelsrichtungen, die er ab 1718 nicht mehr von der Bahama-Insel New Providence, sondern von seinem neuen Wohnsitz auf der Insel Okracoke direkt vor der Küste des heutigen US-Bundesstaates North Carolina startete, enterte er Schiffe, plünderte in Virginia oder hielt prominente Bürger wie etwa Staatsratsmitglieder aus Charleston, der Hauptstadt des englisch besiedelten South Carolina, gefangen. Dadurch erpresste er ein erhebliches Lösegeld, indem er einfach zusätzlich noch den Hafen von Charleston blockieren ließ.

Doch der Wechsel des Jagdreviers sollte sich noch als Fehler erweisen – ebenso wie eine Angewohnheit des Piraten, die der Gouverneur von Virginia ausnutzte, als sein Schiff 1718 erneut in der Gegend von Charleston auftauchte. Zuvor hatte der Gouverneur bereits 100 Pfund Belohnung auf »Schwarzbarts« Kopf ausgesetzt. Nun lockte er ihn in den Küstengewässern von North Carolina in eine Falle, obwohl der Staat gar nicht zu seinem Amtsgebiet gehörte: Denn obwohl »Schwarzbart« durch seine äußere Erscheinung und sein Auftreten dafür sorgte, dass er gefürchtet wurde, ging es ihm nicht nur um Gewalt. Vor allem kleinere Schiffe kaperte er gerne, ohne auch nur eine Kanone abzufeuern.

Diese »Arroganz« wurde ihm jetzt zum Verhängnis. Am 22. November 1718 starb »Schwarzbart« bei dem Versuch, die PEARL und die LYME zu entern – zwei unbewaffnete Handelsschiffe, die von der »Royal Navy« mit speziellen Kampfeinheiten besetzt und als Köder vor der Insel Okracoke, also direkt vor seiner »Haustür«, ausgelegt wurden. Schwarzbart geriet in den vorbereiteten Hinterhalt von Leutnant Robert Maynard, dem Kapitän der PEARL, und wurde von fünf Pistolenkugeln getroffen. Insgesamt 16 Verwundungen beförderten ihn ins Jenseits. Geblieben ist jedoch ewiger Ruhm, denn »Schwarzbart« überlebte als der gefürchtetste Seeräuber aller Zeiten: als echte Piratenlegende.

# Edelmann und »Prinz der Piraten«:

# Samuel Bellamy

Es gibt sicher die verschiedensten Gründe, warum aus einem ehrbaren Bürger oder Seemann ein Freibeuter oder Pirat geworden ist. Zum einen, weil der »Beruf« des Piraten im 16. und 17. Jahrhundert in bestimmten Regionen als durchaus »normal« angesehen wurde, zum anderen aber auch, weil die Grenzen zwischen legalen Beutezügen und illegalen Kaperungen allzu oft sehr verschwommen waren, denn die Regierungen der großen europäischen Seefahrernationen Frankreich, England und Niederlande versuchten, durch Überfälle auf neutrale spanische Handelsschiffe überproportional an den Reichtümern der Neuen Welt teilzuhaben. Sie alle fühlten sich im Recht – denn aus ihrer Sicht ging es ja bei den Angriffen nicht um einen Akt der Seeräuberei, sondern gegen die spanische Krone. Dass das völlig legal war, darin waren sich die Auftraggeber jener Tage allesamt einig.

Der romantischste Grund aber, Pirat zu werden, geht wohl auf Samuel Bellamy zurück, auch »Black Sam« genannt. Er wurde im Jahr 1689 im südenglischen Plymouth geboren und wuchs in einfachen Verhältnissen auf. Der Hintergrund seines Piratenlebens war eine ebenso große wie tragische Liebesgeschichte. Gesichert ist, dass Bellamy schon früh in Diensten der »Royal Navy« zur See fuhr – während des Spanischen

Erbfolgekrieges (1701–1714). Nach Kriegsende, nach der Rückkehr in den englischen Heimathafen Plymouth, wurde er arbeitslos. Sam war zu dieser Zeit über alle Maßen in ein englisches Mädchen verliebt, das er während seines Dienstes bei der Marine in der Neuen Welt kennengelernt hatte. Sie hieß Maria Hallett und wohnte in Eastham im heutigen Bundesstaat Massachusetts – an der Ostküste Nordamerikas. Ihre Eltern waren jedoch gegen diese Verbindung, weil er kein Vermögen besaß. Keinesfalls wollten sie ihre Tochter einem bettelarmen Seemann zur Frau geben. Deshalb versprach Bellamy seiner Liebsten, als reicher Mann und Kapitän des größten Schiffes, das die Welt je gesehen hat, zurückzukehren. Nur wenige Monate, nachdem er aufgebrochen war, brachte Maria Samuels Kind zur Welt, das zu allem Unglück schon wenig später starb. Der Skandal eines unehelichen Kindes brachte die junge Mutter sogar für einige Monate ins Gefängnis. Später wurde sie von ihrer Mutter verstoßen und wartete seither täglich an der Küste ihrer Heimat auf Samuels Rückkehr.

Vielleicht lässt sich bei dieser Vorgeschichte der enorme Antrieb verstehen, der Samuel Bellamy schließlich zur Piraterie trieb. Und vielleicht war er gerade deshalb so erfolgreich. Sam Bellamy wurde jedenfalls zu einem der größten Seeräuber aller Zeiten und war in der Karibik sowie vor Nordamerika unterwegs. Seine Markenzeichen waren dabei weder besondere Brutalität noch ein grotesker Auftritt. Er bestach eher durch seemännische Professionalität. Seinen Spitznamen »Black Sam« erhielt er, weil Bellamy – anders als die meisten anderen Kapitäne seiner Zeit – keine gepuderte Perücke, sondern nur sein langes schwarzes Haar offen trug. Noch bekannter wurde Bellamy später als »Prinz der Piraten«. Diesen Beinamen erhielt er, weil er sich nur mit Gewändern aus feinsten Stoffen kleidete und aussah wie ein königlicher Edelmann.

Zunächst, es muss zu Beginn des Jahres 1715 gewesen sein, wanderte Bellamy von Plymouth in Südengland zu Verwandten in die Kolonien der Neuen Welt aus: nach Cape Cod in Massachusetts. Dort gelang es ihm, einen einflussreichen Gönner zu überzeugen, ihm ein Schiff mitsamt einer Mannschaft zur Verfügung zu stellen, mit dem er im Süden nach versunkenen spanischen Schätzen suchen wollte. Nach vielen Monaten vergeblicher Schatzsuche schloss Bellamy sich auf der Bahama-Insel New Providence verzweifelt der Mannschaft um Piratenkapitän Benjamin Hornigold an – nach wie vor fest entschlossen, reich zu werden. Zu Hornigolds Besatzung gehörte damals auch der junge, aber bereits berüchtigte Seeräuber Blackbeard (»Schwarzbart«). Hier wurde Bellamy schnell selbst zum Kapitän gewählt und bekam mit der MARY ANNE sein erstes eigenes Schiff. Innerhalb von nur einem Jahr erbeutete er über 50 schwer beladene Schiffe, deren Ladung ihn und seine Mitstreiter innerhalb kurzer Zeit allesamt zu wohlhabenden Männern machte. Bellamy war ein guter Stratege, und sein mehr als demokratischer Umgang mit der Schiffsbesatzung trug ihm den Spitznamen »Pirat Robin Hood« ein – während seine Mannschaft sich freimütig als »Robin Hoods Männer« bezeichnete.

Skizze des berühmten Dreimasters WHYDAH, des ehemaligen Sklaven- und neuen Flaggschiffs von Samuel Bellamy

Den größten Fang seines Lebens machte Bellamy Anfang 1717, als ein großer Dreimaster – es war das britische Sklavenschiff WHYDAH – seinen Kurs kreuzte. Dieser Segler fiel ihm auf, weil er nordwärts unterwegs war und nicht westwärts wie sonst üblich, um Sklaven in die Neue Welt zu bringen. Bellamy dachte nach. Dann dämmerte es ihm: Bei diesem Kurs dürfte das Schiff keine Sklaven, sondern wohl eher Reichtümer an

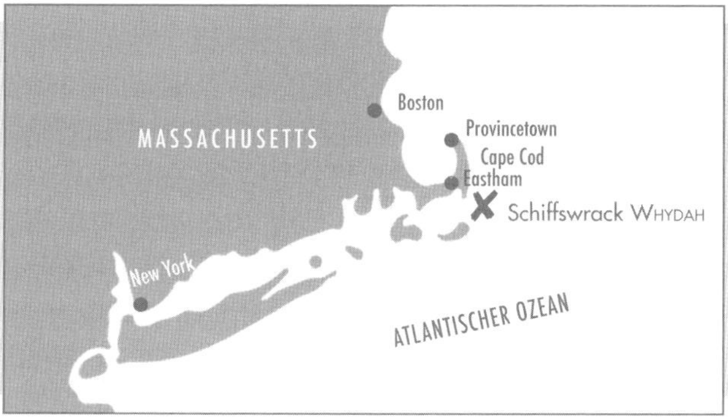


Bord haben. Nach dreitägiger hartnäckiger Verfolgungsfahrt, die die gegnerische Mannschaft zermartert haben muss, wurde ihm das Schiff schließlich kampflos überlassen – randvoll beladen mit dem begehrten Farbstoff Indigo, mit Elfenbein, Silber und Gold. Dessen Kapitän Lawrence Prince ergab sich ohne jede Gegenwehr und rettete so nicht nur sein Leben. Bellamy befahl seiner gesamten Mannschaft, mit ihrem bisherigen Hab und Gut überzusetzen und ließ die Briten samt ihrem Kapitän mit seinem alten Schiff, der MARY ANNE, unbeschadet davonsegeln. Die WHYDAH ließ Bellamy mit 28 weiteren Kanonen bestücken und zu seinem neuen Flaggschiff ausbauen. Jetzt, endlich, hatte er ein Schiff, mit dem er sich sehen lassen konnte. Mit der WHYDAH konnte und wollte er nun nach Hause segeln, als reicher Mann das Piratenleben aufgeben und seine geliebte Maria heiraten. Doch das Happy End blieb aus. Auf dem Rückweg, bei dem Bellamys Kurs an New York vorbei weiter in Richtung der Küste Neuenglands führte, kam am 26. April 1717 ein fürchterlicher Sturm auf. Am nächsten Morgen konnten nur noch Trümmer der WHYDAH geborgen werden – ganz wenige Meilen vor dem Haus seiner Geliebten entfernt. Von den 148 Mann an Bord überlebten nur acht. Samuel Bellamy war nicht unter ihnen. Sechs Männer wurden später gehängt. Nur zwei Mann blieben übrig, um die tragisch-romantische Geschichte von Kapitän Samuel Bellamy zu überliefern.

Fakt ist, dass Bellamy auf der WHYDAH einen Riesenschatz mit sich geführt hat – mit Unmengen an Gold und Silber. Es war die Beute von

Historischer Lageplan des gesunkenen Piratenschatzes auf der WHYDAH – direkt vor der Ostküste der USA

mehr als 50 Raubzügen – und die gesamte Fracht an Reichtümern, die die WHYDAH vor ihrer Kaperung selbst schon an Bord hatte. All das Gold und Silber soll, in einfachen Fächern verstaut, zwischen den Schiffsdecks versteckt gewesen sein. Das Wrack der WHYDAH liegt bis heute vor der Küste von Cape Cod auf dem Grund des Atlantiks – bedeckt von einer etwa sieben Meter dicken Schicht aus Sand.

Nur ein kleiner Bruchteil von Bellamys Schatz wurde bisher gehoben. Doch allein das, was bis heute geborgen wurde, gilt als der größte gefundene Piratenschatz aller Zeiten! Sogar ein Rubin in der Größe eines Hühnereis soll zu diesem Schatz gehören. Allerdings wurde er bisher noch nicht entdeckt. Ein Großteil der Funde dieses einmaligen Schatzes liegt heute im WHYDAH-Museum in Provincetown (USA). Allein 200.000 Ausstellungsstücke im Wert von etwa 30 Millionen US-Dollar werden dort ausgestellt – natürlich unter strengsten Sicherheitsvorkehrungen.

## Die verwegensten Piratinnen der Geschichte:

# Anne Bonny und Mary Read

Die Piraterie ist so alt wie die Seefahrt selbst. Doch nicht immer waren es nur Männer, die als Seeräuber zum Schrecken der Meere wurden. Hin und wieder gab es auch einige verwegene Frauen, die das Piratenleben für sich entdeckten – sei es als Zeichen der Rebellion gegen eine von Männern dominierte Welt oder aus ganz anderen Gründen. Wann immer in der Geschichte weibliche Piraten eine Rolle spielten, machten sie ihre Arbeit oft besser als ihre männlichen Kollegen: Sie waren hinterlistiger, gemeiner, durchtriebener und rücksichtsloser. Der uns wohl vertraute Begriff »Pirat« stammt von dem griechischen Wort »peiran« ab und bedeutet so viel wie »wagen, unternehmen, versuchen«. Bereits in der Antike wurde die Bezeichnung »peirates« in die Sprache der seefahrenden Völker – als gebräuchliche Beschreibung für die griechischen Seeräuber im Mittelmeer – übernommen. Diese Bezeichnung hat sich bis heute gehalten – unabhängig davon, ob sich die Piraten selbst als Seeräuber, Kaperer, Korsaren, Likedeeler, Freibeuter oder noch anders benannt haben. Offiziell waren Frauen auf Piratenschiffen verboten. Die männlichen Piraten hatten vermutlich Angst, dass sie dem harten Leben an Bord nicht gewachsen wären und es ihretwegen nur Streit unter den rauen Gesellen geben würde. Zudem galten Frauen als Teil der Schiffsbesatzung seit jeher als Unglücksbringer. Zum Kreis der verwegensten Piratinnen aller Zeiten zählen neben der irischen Nationalheldin Grace O´Malley (1530 bis 1603) vor allem die ebenfalls aus Irland stammende Anne Bonny sowie ihre spätere Freundin Mary Read, die in London geboren wurde. Beide machten bis 1720 die Karibik unsicher.

Anne Bonny wurde in den späten 90er Jahren des 17. Jahrhunderts in Kinsale, einem kleinen Küstenort in der irischen Grafschaft Cork, geboren. Sie war die uneheliche Tochter eines mittellosen Dienstmädchens und dessen Arbeitgebers, dem angesehenen, wohlhabenden und verheirateten Anwalt William Cormac. Da diese Liebschaft nicht unentdeckt blieb, musste die kleine Familie nach Amerika fliehen. In South Carolina bauten sie sich als Plantagenbesitzer eine neue Existenz auf, durch die sie zu einigem Wohlstand kamen. Für Anne war das anfangs ein durchaus interessantes und abwechslungsreiches Leben. So soll auf der Farm ihres Vaters ein Indianer gearbeitet haben, der die Aufgabe hatte, für die Familie Cormac zu jagen und für Fleisch zu sorgen. Anne freundete sich mit dem Mann an. In Hosen gekleidet begleitete sie ihn auf seinen Streifzügen und lernte so den geübten Umgang mit Bogen, Pistole, Muskete, Messer und Axt. Für die heranwachsende Anne war das ländliche Plantagenleben natürlich irgendwann viel we-

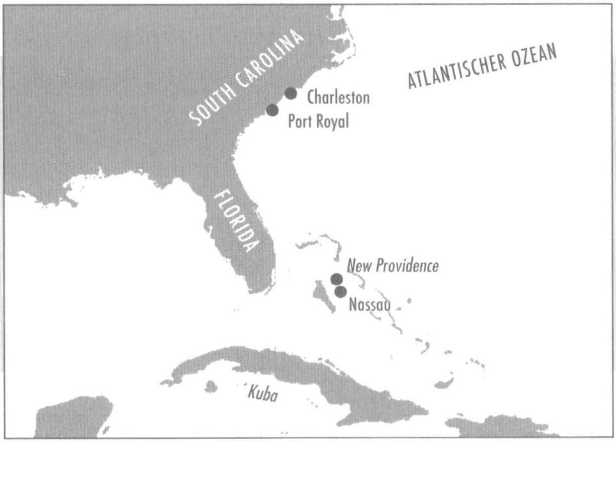

niger verlockend als das Leben, das ihr der nahe gelegene Hafen von Charleston, ein berüchtigter Piratenschlupfwinkel, bot. Dort verliebte sie sich in den eher unbedeutenden Piraten James Bonny, den sie heiratete. Sie folgte ihm auf die Insel New Providence – nachdem sie von ihrem Vater verstoßen worden war. War Charleston als Räubernest bereits von Bedeutung, so galt Nassau auf der Insel New Providence nördlich von Kuba als sagenumwobene »Hauptstadt der Piraten«, denn die Seeräuber hatten die gesamte Stadt in ihrer Hand.

Was auch immer Annes Motive gewesen sind, ihr sorgenfreies Leben aufzugeben: In dieser neuen Umgebung sollte sie sich binnen kurzer Zeit zur verrufensten Piratin aller Zeiten entwickeln – zur größten Plünderin, Halsabschneiderin, Lösegelderpresserin, Räuberin und damit zu einer enormen Bedrohung für den Seehandel in der gesamten Karibik. Schnell verlor sie hier beispielsweise das Interesse an ihrem Ehemann und brannte mit dem Piraten Jack Rackham durch, der auf dem Schiff von Piratenkapitän Charles Vane als Steuermann tätig war. Auf »Calico Jack«, wie sich Rackham auch nannte, soll übrigens das heute bekannteste Piratensymbol, die schwarze Flagge mit Totenschädel und

Modell einer Piratenflagge von Edward England, deren Ursprung jedoch dem Piratenkapitän Jack Rackham zugeschrieben wird

zwei gekreuzten Knochen, zurückgehen. Er fand jedenfalls einen Weg, Anne mit an Bord seines Schiffes zu schmuggeln. Da die strengen Pirategesetze keine Frauen an Bord erlaubten, verkleidete Anne sich als Mann und kämpfte als Teil der Besatzung geschickt Seite an Seite mit den Piraten. Es war nur eine Frage der Zeit, bis sie entdeckt wurde. Und gemäß einer Legende bezahlte der erste Schiffskamerad, der seinen Ärger darüber ausdrückte, eine Frau an Bord zu haben, mit dem Leben: Anne tötete ihn mit einem Stich ins Herz. Als die Affäre zwischen Rackham und Anne Bonny allgemein bekannt wurde, drohte der Gouverneur von New Providence, Anne wegen Ehebruchs auspeitschen zu lassen. Doch statt diese Strafe zu akzeptieren, entschloss sich das Paar, eine eigene Mannschaft aufzustellen und eine Schaluppe zu stehlen. Da zu befürchten war, dass die neue Mannschaft sich weigern könnte, mit einer Frau zusammen zu segeln, weil Frauen an Bord ja bekanntlich Pech brachten, verkleidete sich Anne wieder als Mann. Unter dem Decknamen Adam Bonny wurde sie zum geschätzten Besatzungsmitglied und bewährte sich in zahlreichen erfolgreichen Seegefechten.

Pinselzeichnung der gefürchteten Piratin Mary Read in Gefechtsbereitschaft

Erstaunlicherweise war Anne Bonny nicht das einzige weibliche Besatzungsmitglied. Ebenso als Mann verkleidet kam eine Frau namens Mary Read an Bord, als Kapitän Rackham auf seinem Weg durch die Karibik ein niederländisches Sklavenhändlerschiff kaperte. Sie war den

Piraten durch ihre mutige Kampfweise aufgefallen. Vor die Wahl gestellt, mit den holländischen Seeleuten ausgesetzt zu werden oder sich ihnen anzuschließen, blieb Mary Read bei den Freibeutern an Bord, da sie mit dem Sklavenhandel sowieso nichts zu tun haben wollte.

Mary, die Tochter eines Matrosen, konnte schon zu jener Zeit auf eine bewegte Vergangenheit zurückblicken. Da ihr Vater von der Seefahrt nicht nach Hause zurückgekehrt war, erzog ihre Mutter sie wie einen Jungen, um sich in der damaligen Männerwelt besser behaupten zu können. Bereits im Alter von 13 Jahren heuerte sie als »Seemann« auf einem Kriegsschiff an. Später trat sie sogar in die Dienste eines belgischen Infanterieregiments und kämpfte mit großer Tapferkeit. Dort lernte sie ihren späteren Ehemann kennen, der jedoch sechs Jahre später verstarb. Und so heuerte Mary, wiederum als »Seemann«, auf jenem niederländischen Schiff an, das von Kapitän Rackham nun gestellt und gekapert worden war.

Mary muss als jugendlicher Seemann eine recht smarte Erscheinung gewesen sein, denn schon bald verliebte sich Anne Bonny in den vermeintlichen jungen Mann. Dabei kam Anne natürlich hinter Marys Geheimnis – und die beiden Frauen wurden schnell zu Freundinnen. Da Annes Liebhaber, Schiffskapitän »Calico Jack« Rackham, jedoch vor Eifersucht tobte und drohte, seinem vermeintlichen Nebenbuhler die Kehle durchzuschneiden, mussten ihn die beiden Frauen in ihr Geheimnis einweihen. Das Trio um Anne Bonny, Jack Rackham und Mary Read machte anschließend fast ein Jahr lang die Karibik unsicher. In dieser Zeit wurde Anne Bonny schwanger und brachte ihr Kind auf Kuba zur Welt, ließ es dort aber zurück und ging wieder an Bord. Im Jahr 1720 wurde ihr Schiff, die REVENGE, von einem britischen Kriegsschiff unter dem Kommando des Piratenjägers Jonathan Barnet angegriffen, als es vor Jamaika ankerte. Ausgeschickt hatte es Woodes Rogers, der Gouverneur der Bahamas. Es war ein günstiger Moment, denn die gesamte Schiffsbesatzung war angeheitert und verkroch sich unter Deck. Nur die beiden Frauen versuchten verbissen, die Angreifer in die Flucht zu schlagen. Vor lauter Wut über so viel Feigheit schoss

Mary auf die eigenen Kumpane und soll einen von ihnen dabei getötet haben. Nach der Gefangennahme der Piraten wurden Rackham und seine Männer gehängt. Bonny und Read waren zu diesem Zeitpunkt beide schwanger. So entkamen sie der sicheren Exekution – weil es nicht erlaubt war, schwangere Frauen und damit ungeborenes Leben zu töten. Read wurde in Port Royal dazu verurteilt, nach der Geburt des Kindes hingerichtet zu werden. Doch bevor das Urteil vollstreckt werden konnte, starb sie im Gefängnis an Fieber. Auch Anne Bonny wurde ein Aufschub gewährt.

Was dann geschah, ist völlig unbekannt. Einige behaupten, sie sei zu ihrem Vater zurückgekehrt, während andere Quellen berichten, sie hätte ihr Piratenleben weitergeführt und sei wieder zur See gefahren. Darunter ist auch die Theorie, sie hätte sich den Namen Bartholomew Roberts gegeben. Die Charakterzüge des letzten großen Seeräubers aus dem »Goldenen Zeitalter« der Piraterie sollen denen von Anne jedenfalls sehr geähnelt haben.

Die legendärsten Worte, die von Anne Bonny überliefert wurden, sind wohl die, die sie ihrem Ehemann »Calico Jack« Rackham noch am Abend seiner Hinrichtung wegen seiner zuvor gezeigten Feigheit an den Kopf geworfen hat: »Es tut mir leid, dich hier zu sehen, Jack. Aber wenn du wie ein Mann gekämpft hättest, müsstest du jetzt nicht hängen wie ein Hund.«

# Vom Kaperfahrer zum Schrecken der Piraten: Woodes Rogers

*»Vor meinen Augen begann das Meer zu tosen. Schwere Brecher rollten auf das Felsenufer zu. Ich fühlte mich im Wasser schwimmen, untertauchen, nach Halt suchen ... dann griff ich mit letzter Kraft nach einem Felsen ... Ich war gerettet! Gerettet auf einer fernen, einsamen Insel, von der ich nur schwersten Herzens Abschied nahm.«*

Mit diesen Worten endet die Geschichte eines im Jahr 1719 erstmals veröffentlichten Romans, der zu den großen Klassikern der Weltliteratur gehört. Sein ins Deutsche übersetzter Titel lautet »Das Leben und die wundersamen Abenteuer des Robinsón Crusoe«, und das Buch selbst, zumindest aber der Name seines Protagonisten, ist vielen Menschen auf der ganzen Welt ein Begriff. Doch auch wenn es sich bei dem Titelhelden um eine reine Fantasiegestalt des britischen Schriftstellers Daniel Defoe handelt: Sie basiert auf einem wahren Schicksal.

Im Jahr 1703 heuerte ein schottischer Seemann namens Alexander Selcraig auf dem englischen Kaperschiff ST. GEORGE an. Zusammen mit der etwas kleineren CINQUE PORTS – und ausgestattet mit einem Kaperbrief der britischen Krone – ging es quer über den Atlantik in Richtung südamerikanischer Westküste. Hier sollten die Kaperfahrer Jagd auf französische und spanische Schiffe machen, um sie ihrer Fracht zu berauben. Nach Erreichen des Pazifiks muss es wohl zu einer Auseinandersetzung zwischen Selcraig und dem Kapitän der ST. GEORGE gekommen sein, in deren Folge der Schotte auf das kleinere Begleitschiff wechselte. Als die CINQUE PORTS die unbewohnte »Isla Mas a Tierra« des Juan-Fernandez-Archipels einige hundert Seemeilen westlich von Valparaiso anlief, um sich mit neuen Vorräten und Süßwasser zu versorgen, fiel Selcraig bei einer Begutachtung des Schiffes auf, dass der Rumpf stark beschädigt war. Da er die CINQUE PORTS deshalb nicht mehr für seetüchtig hielt, wollte er den Kapitän davon überzeugen, nicht weiterzusegeln – vergeblich. Daraufhin wurde er auf eigenen Wunsch auf der Insel zurückgelassen. Ironie des Schicksals: Die CINQUE PORTS ging im weiteren Verlauf der Reise tatsächlich unter, und die meisten Besatzungsmitglieder kamen ums Leben. Die ST. GEORGE hingegen erreichte 1707 nach einer kompletten Erdumseglung die britische Heimat.

Deren Kapitän, der einstige Pirat und Bukanier William Dampier, musste sich anschließend vor Gericht verantworten. Allerdings nicht wegen des von ihm auch nicht verursachten Untergangs und auch nicht wegen seiner nachweislich mangelhaften Qualitäten als Schiffsführer, sondern wegen Betrugs und Trunkenheit an Bord – die enttäuschten Geldgeber der wirtschaftlich erfolglosen Mission und zwei ehemalige Untergebene wollten sich einfach nur an ihm rächen. Dampier aber konnte die Anschuldigungen entkräften. Und nur ein Jahr später, am 2. August 1708, brach er als Steuermann und Lotse an Bord der 320 Tonnen schweren DUKE zusammen mit der etwas leichteren DUTCHESS und 330 Mann Besatzung zu einer weiteren Kaperfahrt mit vergleichbarer Zielsetzung auf. Kapitän der DUKE und Kommandant der Reise war der damals etwa 30-jährige englische Kaufmann Woodes Rogers aus Bristol.

Ob William Dampier vom Schicksal des Alexander Selcraig Kenntnis hatte und die DUKE nach Erreichen des Pazifiks zwecks Trinkwasseraufnahme zur »Isla Mas a Tierra« führte, ist nicht überliefert. Fakt aber ist, dass Woodes Rogers den Schotten nach fast viereinhalbjährigem Aufenthalt auf der Insel Anfang Februar des Jahres 1709 an Bord nahm.

Die Aufzeichnungen, die Rogers später auch über Selcraig und dessen Erzählungen von seinem Inseldasein verfasste, dienten Daniel Defoe als Anregung für seinen weltberühmten Roman. Die Insel selbst wurde übrigens 1966 von der chilenischen Regierung offiziell in »Isla Robinsón Crusoe« umbenannt.

Die Kaperfahrt unter Leitung von Rogers, an der Selcraig von jetzt an als Maat auf der DUKE teilnahm, dauerte über drei Jahre, führte um den gesamten Globus und war von großem finanziellen Erfolg gekrönt. Abgesehen von einigen kleineren spanischen Handelsschiffen, die zum Teil im Vorbeifahren, zum Teil aber auch erst nach heftiger Gegenwehr aufgebracht wurden, überfielen Rogers und seine Männer die Hafenstadt Guayaquil an der Küste des heutigen Ecuador, in der sie die spanischen Einwohner beraubten. Nach einem längeren Aufent-

Zeitgenössische Darstellung (um 1765) einer Szene, in der Woodes Rogers' Männer spanische Bürgerinnen von Guayaquil ihres Schmucks berauben

halt auf der nördlich gelegenen Insel Gorgona, der Erholungs- und Reparaturzwecken diente, brachen sie Richtung Westen auf. Ihr Ziel war es, auf eine der so genannten Manila-Galeonen zu treffen. So wurden die zwischen den Philippinen und Acapulco verkehrenden spanischen Transportschiffe genannt, die im Hafen von Manila mit den begehrten Handelsgütern aus dem Fernen Osten wie Edelsteinen, Seide, Porzellan und Gewürzen beladen wurden, um sie nach Mittelamerika zu bringen. Auf der Rückfahrt führten sie Gold und Silber aus der Neuen Welt nach Asien mit sich, um damit die Handelsgüter zu bezahlen.

Nach wochenlangem Umherirren trafen Rogers und seine Leute endlich auf eines dieser Schatzschiffe, dessen Besatzung sich nach kurzem Gefecht ergab. Auch wenn der Versuch scheiterte, eine weitere, noch größere Manila-Galeone zu kapern: Der Wert des bereits zuvor erbeuteten Edelmetalls war so gewaltig, dass Rogers eine der erfolgreichsten Kaperfahrten aller Zeiten gelungen war. Als er mit seinen Schiffen und der reichen Beute am 14. Oktober 1711 wieder in England eintraf, wurde er wie ein Volksheld gefeiert. Sein Name wurde nun fast in einem Atemzug mit denen seiner legendären Vorgänger Francis Drake und John Hawkins genannt, die es in der zweiten Hälfte des 17. Jahrhunderts auf spanische Häfen und Schiffe abgesehen hatten. Der erfolgreiche Freibeuter zog sich zurück, und es wurde still um ihn. Doch insgeheim arbeitete er an Plänen, britische Siedlungen in Übersee zu errichten, um den Handel mit diesen Gebieten zu fördern. Seine Pläne verdichteten sich zu einem konkreten Projekt: zur Besiedlung der nordöstlich von Kuba gelegenen Bahamas.

Dabei kamen ihm zwei Entwicklungen entgegen: zum einen das Ende des 1701 begonnenen Spanischen Erbfolgekrieges im Jahr 1714 und zum anderen Englands neu erworbener Status als führende Seemacht Nr. 1. Das Ende des ganz Europa und auch die überseeischen Gebiete der Kolonialmächte betreffenden Konflikts um das Erbe des verwaisten spanischen Königsthrons machte viele Marinesoldaten und Kaperfahrer schlichtweg arbeitslos. Doch nicht alle von ihnen ergaben sich einfach so in ihr Schicksal. Wer nichts mehr zu verlieren hatte, fürchtete auch nicht den Schritt in die Gesetzlosigkeit, und ihre einschlägigen Erfahrungen waren die ideale Voraussetzung für den Einstieg ins »Berufsleben« als Pirat. Außerdem erforderte der neue Status der Briten ein Umdenken hinsichtlich der Kaperfahrten und der Seeräuberei, denn als führende See- und Seehandelsmacht waren die Engländer nicht mehr Nutznießer, sondern vorwiegend Betroffene von Überfällen auf Hafenstädte und Handelsschiffe.

Vor diesem Hintergrund gaben sowohl das britische Handels- als auch das Heeresministerium ihre Zustimmung: Rogers sollte bei seinem Projekt, die Bahamas zu besiedeln, die erforderliche Unterstützung erhalten. Die war auch bitter nötig, da sich die Bahamas seit Kriegsende zu einem regelrechten Piratenparadies entwickelt hatten. Vor allem die Bahama-Insel New Providence mit der späteren Hauptstadt Nassau war zu einem Tummelplatz der »Outlaws« geworden. Bis zu zweitausend Piraten, darunter so legendäre Piratenkapitäne wie Thomas Barrow, Charles Vane, Benjamin Hornigold, Thomas Burgess oder der gefürchtete Edward »Blackbeard« Teach, hatten sich hier zwischenzeitlich niedergelassen und die vom Golf von Mexiko und der Karibik gen Westen ausgehende Handelsschifffahrt förmlich zum Erliegen gebracht.

1717 ernannte der englische König George I. die Bahamas zu einer britischen Kronkolonie und setzte Woodes Rogers als deren ersten Gouverneur ein. An Bord der DELICIA, einem 460-Tonnen-Schiff, und begleitet von vier Kriegsschiffen der »Royal Navy«, stach Rogers am

11. April 1718 Richtung Bahamas in See. Da sich das Vorhaben dort bereits herumgesprochen hatte und zudem die Anzahl der zu erbeutenden Schiffe zurückgegangen war, hatte sich etwa die Hälfte der Piraten, darunter auch »Blackbeard«, an die nordamerikanische Atlantikküste verzogen, um von hier aus ihr Unwesen zu treiben. Als die Flotte am 24. Juli den Hafen von Nassau erreichte, erfuhr Rogers, dass sich noch ca. eintausend Piraten auf New Providence aufhielten. Abgesehen von Charles Vane und einigen seiner Kumpane, die Rogers' Flotte dank einer List überrumpeln und nach Norden entkommen konnten, bereiteten die verbliebenen Piraten dem neuen Gouverneur mit Hurrarufen auf George I. einen verblüffenden Empfang. Die meisten von Ihnen nahmen die königliche Generalamnestie an, per Eid der Piraterie abzuschwören, die anderen suchten das Weite.

Trotz erheblicher Schwierigkeiten erwies sich Rogers als der richtige Mann für die schwere Aufgabe, der Piraterie in diesem Teil der Erde ein Ende zu bereiten. Als Ende des Jahres einige der Expiraten rückfällig wurden, setzte Rogers keinen Geringeren als den ihm nun treu ergebenen Expiratenkapitän Benjamin Hornigold auf die Flüchtigen an. Es gelang ihm, zehn davon lebend nach Nassau zurückzubringen. Nachdem sie vor Gericht gestellt und neun von ihnen zum Tode verurteilt worden waren, fand die Hinrichtung am 12. Dezember statt. Zwar begnadigte Rogers einen noch unmittelbar vor dem Akt, doch die anderen acht starben nur kurz nach zehn Uhr morgens durch den Strang.

Diese Hinrichtung war ein Signal von immenser Wirkung. Da zuvor Charles Vane und 43 weitere an der nordamerikanischen Ostküste operierende Piraten hingerichtet und »Blackbeard« bei einem Gefecht ums Leben gekommen waren, ebbte die Blütezeit der Piraterie in der Neuen Welt schlagartig ab. Die Bahamas wurden nie wieder von Piraten als Stützpunkt oder Unterschlupf genutzt, und im Februar 1720 gelang es Rogers sogar noch, einen spanischen Angriff mit vier Kriegsschiffen und 1.300 Infanteristen trotz zahlenmäßiger Unterlegenheit abzuwehren.

Enttäuscht über die mangelnde finanzielle, personelle und moralische Unterstützung aus der Heimat, kehrte Woodes Rogers im

März 1721, von Krankheit und Erschöpfung gezeichnet, nach England zurück. Dort wurde er seines Amtes enthoben und für bankrott erklärt. Doch er setzte sich erfolgreich zur Wehr: Ein Armee-Ausschuss untersuchte seinen Fall, und er wurde voll rehabilitiert. 1728 kehrte er – auch auf Wunsch der Kolonisten, die seinen unfähigen Nachfolger loswerden wollten – nach Nassau zurück. Als er vier Jahre später vermutlich 54-jährig auf den Bahamas verstarb, hatte er zwar Herausragendes geleistet, doch sein Lebensziel nicht erreicht: ein finsteres Piratennest in eine blühende Kolonie zu verwandeln.

# Der Letzte in der Reihe der großen Piratenkapitäne: Bartholomew Roberts

Das Ende der Piraterie in der Neuen Welt, das 1718 unter maßgeblichem Mitwirken der britischen Gouverneure Woodes Rogers von den Bahamas und Alexander Spotswood von Virginia eingeleitet worden war, konnte das Unwesen der Seeräuberei natürlich nicht auf einen Schlag vollends auslöschen. Zwar hatten einst so berüchtigte Piratenkapitäne wie Edward Teach, genannt »Blackbeard«, Jack Rackham, Stede Bonnet und andere ihre Leben ausgehaucht und wiederum andere wie zum Beispiel Benjamin Hornigold oder Thomas Burgess die Seiten gewechselt, doch noch immer waberte das Gespenst der Piraterie über die Weltmeere.

Nun gut, es waberte keineswegs überall, sondern suchte sich mit Vorliebe Bereiche aus, in denen das Risiko für die Seeräuber möglichst klein war, denn auch wenn der »Beruf« des Piraten eine gehörige Portion an Mut und Verwegenheit erforderte, so suchten sich Seeräuber in der Regel den Weg des geringsten Widerstands. Verständlich, war ihr Risiko doch ohnehin vergleichsweise groß, da sie fast permanent ihr Leben aufs Spiel setzten. Dabei drohte der Tod nicht nur bei Überfällen, Seegefechten, Stürmen, Havarien oder im Fall der Gefangennahme durch Hinrichtung, sondern zudem durch interne Machtkämpfe und

Streitereien sowie durch Krankheiten wie zum Beispiel Skorbut, Ruhr, Malaria, Syphilis oder sonstige Erkrankungen, die durch falsche Ernährung, mangelnde Hygiene, Alkoholmissbrauch oder andere Ursachen ausgelöst wurden.

Diejenigen Seeräuber, die nach 1718 auf die Amnestieangebote der britischen Krone nicht eingegangen und den Verfolgungen entkommen waren, suchten sich neue Betätigungsfelder. Die meisten von ihnen begaben sich nach Madagaskar. Die 250 Kilometer vor der afrikanischen Ostküste gelegene Insel war der ideale Stützpunkt für Raubzüge im Indischen Ozean. Etwa 25 Jahre zuvor hatten britische Piraten von hier aus damit begonnen, die zwischen Indien, dem Persischen Golf und dem Roten Meer verkehrenden Schatzschiffe der indischen Mogule anzugreifen und ihrer kostbaren Fracht zu berauben. Auch englische, portugiesische und niederländische Frachtschiffe, die im Auftrag nationaler Handelsgesellschaften zwischen ihren Stützpunkten in Asien und ihren Heimathäfen verkehrten, gerieten zusehends ins Visier der Piraten.

Doch während die »Royal Navy« zunächst – führte die Seemacht England Krieg, wurden ihre Kriegsschiffe anderweitig benötigt – nicht in der Lage war, dem Piratenunwesen dort ein Ende zu bereiten, hatte sich das mit dem Ende des Spanischen Erbfolgekrieges fünf Jahre zuvor geändert. Die britische Marine entsandte nun einfach ein aus vier Kriegsschiffen bestehendes Geschwader in den Indischen Ozean, und dessen bloße Anwesenheit genügte, um der Situation Herr zu werden: Die Piraten verzogen sich, setzten sich zur Ruhe oder suchten sich neue Reviere, die allerdings immer rarer wurden. Eines der bevorzugten Ziele wurde die Westküste Afrikas, und zwar speziell entlang des Golfs von Guinea. Hier waren in der Zwischenzeit zahllose europäische Handelsstützpunkte gegründet worden, um von hier aus Afrikas lukrativste »Waren« zu verschiffen: Elfenbein, Gold – und vor allem Sklaven. Nicht ohne Grund erhielten drei dortige Küstenabschnitte die Bezeichnungen Elfenbein-, Gold- und Sklavenküste. Die rege Handelstätigkeit in dieser Region war den Piraten nicht entgangen.

Anfang Juni 1719 ankerten die britische Handelsgaleere PRINCESS und zwei Begleitschiffe vor dem Handelsstützpunkt Anamaboe (im heutigen Ghana), um Sklaven und Handelsgüter aufzunehmen. Am 5. Juni mittags tauchten am Horizont zwei Schiffe auf, die rasch näher kamen und sich als Piratenschiffe zu erkennen gaben. Angesichts der personellen Übermacht und Entschlossenheit der Angreifer leisteten die Besatzungen der Handelsschiffe keinerlei Widerstand. Chef der Piraten war der Waliser Howell Davis, der ein Jahr zuvor selber als erster Maat an Bord eines englischen Sklavenschiffes nach einem Piratenüberfall zwangsrekrutiert worden war und die Seiten gewechselt hatte. Wie das Schicksal es wollte, befand sich auf der PRINCESS mit Bartholomew Roberts ebenfalls ein Waliser, der verschiedenen Quellen zufolge entweder zweiter Maat, dritter Offizier oder dritter Steuermann war. Ob der damals etwa 37-jährige Roberts freiwillig oder gezwungenermaßen vom Seefahrer zum Seeräuber wurde, ist strittig. Dagegen gilt als sicher, dass der aus einfachen Verhältnissen stammende Waliser über exzellente seemännische Kenntnisse verfügte, die er wohl an Bord von Kaper- oder Kriegsschiffen gesammelt hatte, bevor er sich auf Handelsschiffen verdingte. Trotz seiner Fähigkeiten blieb ihm dort aber aufgrund seiner Herkunft ein beruflicher Aufstieg versagt. Als sich ihm dann die Gelegenheit bot, Pirat zu werden, zögerte er nicht lange, sondern entschloss sich, dies als Chance zu begreifen.

Sechs Wochen später unternahm Piratenkapitän Howell Davis auf der »Ilha do Príncipe« den Versuch, den portugiesischen Gouverneur der heute zu São Tomé und Príncipe gehörenden Insel unter Vorspielung falscher Tatsachen – er gab sich als Offizier der »Royal Navy« auf der Jagd nach Piraten aus – ins Vertrauen zu ziehen, um ihn später gefangen zu nehmen und gegen hohes Lösegeld wieder freizulassen. Doch misstrauisch geworden, drehte der den Spieß einfach um. Davis wurde in einen Hinterhalt gelockt und von fünf Kugeln hingestreckt. Seine Männer zogen sich aufs Meer zurück und wählten Roberts zu ihrem neuen Kapitän. In dem kurzen Zeitraum hatten die Piraten erkannt,

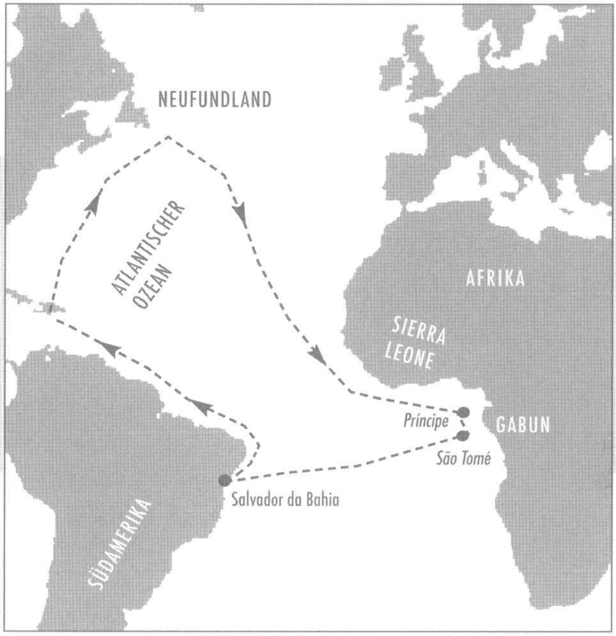


über welches Potenzial ihr neuer Anführer verfügte, und sie sollten ihre Wahl – vorerst jedenfalls – nicht bereuen.

Nachdem sich die Männer erholt hatten, ließ Roberts die »Ilha do Príncipe« erneut ansteuern und deren Hauptstadt San Antonio aus Rache für die Ermordung seines Vorgängers dem Erdboden gleichmachen. Kurz danach wurden noch ein holländisches und ein englisches Schiff aufgebracht und geplündert, doch dann hatte Roberts eine Idee: Warum sollten sie nicht einmal ihr Glück auf der gegenüberliegenden Seite des Atlantiks versuchen? Denn dort war eine Kolonie entstanden, die ihrem Mutterland Portugal schier unermessliche Reichtümer bescherte: Brasilien.

Gesagt, getan: Nach Überquerung des Ozeans folgte eine wochenlange erfolglose Suche entlang der brasilianischen Küste nach geeigneten Opfern, doch dann, im September 1719, war es endlich so weit. In der Bucht von Bahia, dem heutigen Salvador, formierten sich gerade 42 Handelsschiffe zur Abfahrt nach Lissabon. In einer bisher nicht gekannten Dreistigkeit hielten die Piraten direkt auf das größte der Schiffe zu, enterten es und entkamen trotz zweier portugiesischer Kriegsschiffe, die den Konvoi sichern sollten, mit 40.000 Goldmünzen, wertvollem Schmuck und reichlich Silber.

Dieser dreiste Überfall bildete den Auftakt zu einer beispiellosen Piratenkarriere, und die Unverfrorenheit seiner Ausführung wurde zu Roberts' Markenzeichen. In den folgenden knapp zweieinhalb Jahren brachte er die unglaubliche Anzahl von über 400 Handels-, Fischerei-, Passagier- und vereinzelt sogar Kriegsschiffen auf – vermutlich mehr, als jeder andere Pirat oder Freibeuter vor oder nach ihm. Unentwegt suchte er nach neuen »Jagdrevieren«, wenn die ausgeplünderten nichts mehr hergaben. Von Brasilien aus segelte er über die Karibik bis nach Neufundland und an der Ostküste Nordamerikas entlang wieder zurück in die Karibik. Überall, wo er und seine Männer auftauchten, überfielen und plünderten sie jedes Schiff, das ihnen in die Quere kam und Profit versprach, egal, unter welcher Flagge es fuhr.

Dann traf Roberts die Entscheidung, dorthin zurückzukehren, wo seine außergewöhnliche Laufbahn ihren Anfang genommen hatte: zur Westküste Afrikas. Im August 1721 erreichte er mit seinem Flaggschiff, der ROYAL FORTUNE, und zwei mit Beute voll beladenen Begleitschiffen, die zuvor in der Karibik gekapert und zu Transportzwecken mitgeführt worden waren, die Küstengebiete Senegals und wenig später Sierra Leones. Hier tauschten die Piraten ihre Beute in Gold ein, reparierten ihre Schiffe und erholten sich von den Strapazen der Überfahrt. Inzwischen hatte die »Royal Navy« zwei bestens ausgestattete Kriegsschiffe dorthin beordert, um Roberts' Treiben ein Ende zu bereiten. Der erfuhr zwar davon, maß dem allerdings keine große Bedeutung bei. Unbekümmert gingen die Seeräuber ihrem »Gewerbe« nach, indem sie raubend und plündernd dem Küstenverlauf zunächst nach Osten und schließlich Süden folgten, dann wieder weiter nördlich operierten, um schließlich knapp unterhalb des Äquators bei Kap Lopez im heutigen Gabun Station zu machen.

Da die Piraten die beiden Kriegsschiffe erheblich weiter nördlich vermuteten, ankerte ihre Flotte arglos vor einer nahe gelegenen Insel, als sie am 5. Februar 1722 von der mit 60 Kanonen bestückten SWALLOW unter dem Kommando von Kapitän Chaloner Ogle entdeckt wurde. Roberts hielt das sich nähernde Kriegs- für ein Handelsschiff und gab den Befehl, die SWALLOW von einem der beiden Begleitschiffe verfolgen und entern zu lassen. Diesen fatalen Irrtum nutzte Ogle aus, indem er das Piratenschiff außer Sichtweite lockte und dann überraschend attackierte. Zehn Piraten wurden getötet und über 100 teils schwer verwundet gefangen genommen. Fünf Tage später kehrte die SWALLOW zu der Insel zurück. Da sie jetzt unter französischer Flagge segelte, bemerkte Roberts die drohende Gefahr erst, als ein aus der »Royal Navy« desertierter Pirat sein altes Schiff wiedererkannte. Roberts beorderte die Mannschaft vom zweiten Begleitschiff an Bord der ROYAL FORTUNE und wollte fliehen, zumal seine Leute nach einer durchzechten Nacht nicht gerade in bester Verfassung waren. Doch plötzlich erteilte er den Befehl, umzukehren und direkt auf die SWALLOW zuzusteuern. Als sich der Pulverqualm nach zwei gegenseitigen Breitseiten gelegt hatte, entdeckten die Piraten den reglosen Körper ihres Kapitäns zusammengesunken über einem der Geschütze – ein Geschoss hatte ihn getroffen und seinen Hals zerfetzt.

Noch während der Kampf weiter tobte, wurde Roberts' Leichnam von den Piraten seinem Wunsch entsprechend mitsamt seinen Waffen und Schmuckstücken dem Meer übergeben. Doch ohne ihren charismatischen, intelligenten und wagemutigen Anführer waren sie verloren. Nach achtstündigem Gefecht war die Schlacht vorbei. Mit insgesamt 264 Gefangenen segelte die SWALLOW in nordwestlicher Richtung zur Festung »Cape Coast Castle« an der Goldküste, wo anschließend der größte Piratenprozess aller Zeiten stattfand. Nachdem einige von ihnen ihren Verletzungen erlegen und andere noch vor dem Prozess am 5. April 1722 freigelassen worden waren, wurden 165 Piraten vor Gericht gestellt. Es gab 74 Freisprüche und 54 Todesurteile, 37 der Angeklagten mussten ins Gefängnis oder ins Arbeitslager.

Zwei der zum Tode Verurteilten wurden begnadigt und die anderen 52 gehängt.

Damit endete das Kapitel des letzten großen Piratenkapitäns, der sich neben seinen Erfolgen durch Disziplin, aber auch durch ein unerbittliches Vorgehen gegen seine Gegner ausgezeichnet hatte. Darüber hinaus markierte die Hinrichtung den Anfang vom Ende des »Goldenen Zeitalters« der Piraterie, das in der zweiten Hälfte des 17. Jahrhunderts mit der Blütezeit der Bukanier in der Karibik begonnen hatte – auch wenn ihr Gespenst noch einige Jahre weiter wabern sollte.

## Bukanier, Gentlemanpirat und Regierungschef:

# Jean Lafitte

Die Küsten Nord- und Mittelamerikas haben eine bewegte Geschichte hinter sich, die mit der Entdeckung der Neuen Welt einhergeht. Je mehr sich die spanischen Eroberer auf dem amerikanischen Festland ausbreiteten, desto weniger waren sie auf den dem Kontinent vorgelagerten Inseln zu finden. Dort hatten sie in wenigen Jahrzehnten ganze Arbeit geleistet. Nicht nur auf Hispaniola, der heutigen Dominikanischen Republik und Haiti, einer der ersten von Kolumbus entdeckten Inseln, waren die Ureinwohner fast völlig ausgerottet. Dementsprechend waren zahlreiche Inseln der gesamten Region Mitte des 16. Jahrhunderts fast menschenleer. Dafür gab es auf Hispaniola riesige Rinder- und Schweineherden und viele verwilderte Pferde der ehemaligen spanischen Siedler und Soldaten. Als deren Nachfolger ließen sich hier vor allem verfolgte Hugenotten aus Frankreich, aber auch ehemalige Seeleute sowie eine Mischung aus entlaufenen Sklaven, Kriminellen und Ausgestoßenen der spanischen Kolonien nieder. Entlang der Fahrtroute der spanischen Silberschiffe errichteten sie an der verlassenen Nordküste Hispaniolas ihr neues Zuhause. Fleisch gab es hier in Hülle und Fülle. Es musste nur gejagt werden. Das Fleisch der erlegten Tiere schnitten sie in Streifen, dann trockneten und räucherten sie es über offenem Feuer.

Nach dem französischen Begriff »boucan« für geräuchertes Fleisch wurden die Jäger schon bald als Bukanier bezeichnet, die ihr geräuchertes Fleisch auch an vorbeifahrende oder an der Küste ankernde Freibeuter verkauften. Nach einer anderen Quelle war das Wort »bukan« ein Begriff der Ureinwohner für eine Art Grill, auf dem die karibischen Arawak-Indianer ihr Fleisch räucherten, um es haltbar zu machen.

Im Laufe der Zeit begannen die Bukanier damit, das Handwerk ihrer Kunden nachzuahmen, und gingen mit immer größeren Booten auf die Jagd nach voll beladenen spanischen Handelsschiffen. Mitte des 17. Jahrhunderts versammelten sich die Bukanier zunächst auf der Insel Tortuga, aber auch an anderen entlegenen oder der Küste vorgelagerten Bereichen im gesamten Golf von Mexiko – überall da, wo ihr Unterschlupf schwer einnehmbar war, aber einen sicheren Hafen, genügend Lebensmittel und Trinkwasser bot. Hier bildeten die Bukanier echte Piratengemeinschaften heraus – mit festen Regeln und Bestimmungen, die den Ruf des freien, keiner königlichen Obrigkeit unterworfenen Piraten begründeten. Überhaupt war die Piraterie an den Küsten Amerikas im 17. und 18. Jahrhundert vielversprechend. Zum einen, weil die Kolonien der Neuen Welt kaum geschützt waren, und zum anderen, weil die Piraterie von den zuständigen Gouverneuren als Stellvertreter der europäischen Könige vor Ort meist geduldet wurde. Die Piraten verkauften ihre erbeuteten Schätze an die Bewohner, wodurch ein lohnender Handel für alle Beteiligten entstand.

Eng mit der Entstehungsgeschichte der Vereinigten Staaten von Amerika ist dabei der Name Lafitte verbunden. Während der 1789 begonnenen Französischen Revolution flüchtete die Familie nach Hispaniola, wo jedoch ebenfalls Revolten und Bürgerkriege tobten. Nach Sklavenaufständen und der Ausrufung des Staates Haiti im Jahr 1804 emigrierten die Lafittes in die USA. Vor allem die vor der Küste von Texas auf der Insel Galveston gelegene gleichnamige Stadt hat in Verbindung mit dem Namen Lafitte eine bewegte Geschichte, denn die erste dauerhafte Ansiedlung im Jahr 1817 geht auf den Piraten Jean Lafitte zurück, der hier später sein »Königreich Campeche« errichtete und sich selbst zum Regierungschef ernannte. Geboren wurde Lafitte um 1780 in Frankreich, vermutlich in Bayonne. Er entstammte der adeligen französischen Oberschicht. Schon in jungen Jahren fuhr Jean Lafitte zur See. Vor der Westküste Afrikas – wohl während eines Sklaventransports – muss es zum Streit mit dem Kapitän gekommen sein, denn von nun an begann Lafitte eine Piratenkarriere.

Jean war ein tapferer, gebildeter und gut aussehender Mann von bemerkenswerter Ausstrahlung. Diese Eigenschaften zusammen machten ihn schnell zum Anführer und Kapitän. Bekannt wurde er in erster Linie jedoch nicht als Seefahrer, sondern als Geschäftsmann. Er verkehrte mit Regierungsvertretern und eleganten Frauen. Lafitte lebte, als sei er weiter in Frankreich, und betrieb ab 1809 in New Orleans zusammen mit seinem älteren Bruder Pierre einen Geschäftsbetrieb. Sie handelten mit Sklaven und Waren aller Art. Eine Schmiede, die ebenfalls zum »Unternehmen Lafitte« gehörte, diente ihnen als Umschlagplatz. 1810 wurde Jean Lafitte Anführer einer Gruppe Bukanier, die von »Barataria Bay« aus, im Süden von New Orleans, operierte. Mit einer Flotte von über zehn Segelbooten überfielen sie im Golf von Mexiko französische, britische und spanische Schiffe sowie Sklavenhändler. Lafitte organisierte dabei den Verkauf der Beute. Als der Sklavenhandel verboten wurde, fanden geheime Auktionen statt, und als diese Vorgänge entdeckt wurden, ließ der Gouverneur die Lafitte-Brüder 1812 wegen Piraterie und illegalen Handels verhaften. Doch längst

hatte Jean Lafitte sich ein kleines, gepflegtes kriminelles Reich in den Sümpfen von Louisiana geschaffen. Und während seine Männer in der ganzen Karibik operierten, hatte er sich in New Orleans zu einer Art Volksheld entwickelt, was ihn nahezu unantastbar machte. Daher gelang den Brüdern problemlos die Flucht – und sie konnten ihren Handel in Louisiana weiterführen. Doch der Gouverneur gab nicht auf und setzte noch im selben Jahr 500 Dollar auf Lafittes Kopf aus. Der Gejagte ließ sich nicht lumpen. Er druckte selbst Steckbriefe, ließ sie aushängen und bot sogar 5.000 Dollar – aber für den Kopf des Gouverneurs. Lafitte war einfach nicht zu fassen.

Als im Jahr 1812 der »Zweite Unabhängigkeitskrieg« zwischen England und den Vereinigten Staaten ausbrach, konnte ein Überfall der US-Amerikaner auf Kanada von den Engländern abgewehrt werden. Nach mehreren erfolgreichen Seeaktionen hatte die englische Flotte die US-Marine in die Heimathäfen zurückgedrängt. Die Briten überfielen die Küste von Maryland, nahmen US-Präsident George Washington gefangen und zündeten sogar das Weiße Haus an. Zu dieser Zeit erlebte die Gegend um New Orleans gerade auch durch den Handel Lafittes einen großen wirtschaftlichen Aufschwung. Dessen »Unternehmung« in »Barataria Bay« bestand inzwischen aus mehr als 1.000 Mann und war hier zur einflussreichen Macht geworden Deshalb traten 1814 britische Offizielle an ihn heran und boten ihm eine Belohnung, wenn er sie bei einem Angriff auf New Orleans unterstützen würde. Lafitte informierte jedoch umgehend die lokalen US-Behörden von dem Plan der Engländer. Doch seine Warnung wurde ignoriert. Mehr noch: Seine Offenheit wurde durch einen Überraschungsbesuch der US-Marine in »Barataria Bay« belohnt. Fast die gesamte Piratenflotte mit all ihrem Hab und Gut wurde gekapert und die Häuser niedergebrannt. Lafitte versteckte sich mit seinen Leuten, bis die Kriegsflotte abgezogen war. Anschließend baute er die Siedlung wieder auf. Im Dezember 1814 schien der englische Angriff unmittelbar bevorzustehen. Deshalb stellte US-General Andrew Jackson die ganze Region unter Militärkontrolle. Lafitte und seine Mannschaft meldeten sich freiwillig zur Verteidigung der Stadt. Seite an Seite gelang es, den Angriff der Engländer am 8. Januar 1815 in der Schlacht von New Orleans blutig zurückzuschlagen. Der Park, der sich am Schauplatz dieser historischen Schlacht befindet, trägt noch heute die Bezeichnung »Jean Lafitte«. Zum Dank amnestierte US-Präsident Madison die Bukanier – allerdings unter der Bedingung, dass sie ihren Zufluchtsort »Barataria Bay« für immer aufgaben.

Viele nutzten die Gelegenheit, der Piraterie abzuschwören. Doch Jean und Pierre machten weite, denn nachdem ihnen in Washington die Wiedergabe ihres beschlagnahmten Besitzes verwehrt worden war, beendeten sie ihr kurzes Dasein in der Legalität. Und da sich inzwischen zu viel Militär in der Nähe von New Orleans aufhielt, segelten sie nach Texas – denn dieses spanisch besetzte Land war damals noch gesetzloses Grenzgebiet zwischen Amerika und Mexiko. 1817 nahm Lafitte von hier aus seine Beutezüge wieder auf und wählte Galveston als Basis, nachdem er den berüchtigten Piraten Louis Michel Aury von hier verjagt hatte. Die Insel Galveston wurde zum neuen Zentrum für Schmuggel, Piraterie und Sklavenhandel.

Als die USA dann im Jahr 1818 die Brüder Lafitte ein zweites Mal um Unterstützung baten – übermittelt durch George Graham im Auftrag von US-Präsident Monroe –, um die Franzosen und Spanier aus Texas zu vertreiben, lehnten sie dankend ab. Und so wurde Texas zunächst Mexiko angegliedert. Pierre Lafitte, der geschäftstüchtigere der beiden Brüder, arbeitete zeitweilig auch als spanischer Spion. Um 1820 konnten die Brüder Galveston unbehelligt verlassen, nachdem sie eingefädelt haben sollen, dass Texas von den Spaniern an Amerika abgetreten wurde. Ab diesem Zeitpunkt verliert sich allmählich ihre Spur. Zeitweise sollen sie nach Yucatan in den Süden Mexikos übergesiedelt sein, um weiterhin, bis zum Tod von Pierre Lafitte im Jahr 1821, Schiffe in den Häfen Mittelamerikas zu überfallen. Jean Lafitte soll bis 1854 als wohlhabender amerikanischer Bürger und Familienvater in St. Louis im Bundesstaat Missouri gelebt haben. Diese Behauptung konnte jedoch bisher nie zweifelsfrei bewiesen werden. Die Figur Jean Lafitte jedenfalls wurde zum Vorbild vieler Piratenfilme und Heldenerzählungen. Soviel ist gewiss.

Bildnachweis (s/w-Bebilderung im Text):

S. 15: Erik der Rote; Holzschnitt, Original von 1688, Arngrímur Jónsson / S. 27: Karavelle; Wikipedia, Freie Enzyklopädie; Urheber-Rechteinhaber: unbekannt / S. 36: Kolumbus auf Guanahani; Wikipedia, Freie Enzyklopädie, Buch-Scan von Wolpertinger / S. 44: Porträt Pedro Álvares Cabral; aus Wikipedia, Freie Enzyklopädie; Urheber-Rechteinhaber: unbekannt (um 1817) / S. 49: Amerigo Vespucci (Porträt); Wikipedia, Freie Enzyklopädie; Urheber-Rechteinhaber: unbekannt / S. 51: Waldseemüller-Weltkarte (Detailausschnitt Südamerika); Urheber: Martin Waldseemüller 1507, Library of Congress / S. 54: Magellan (Porträt); Urheber-Rechteinhaber: unbekannt (The Mariner's Museum Collection, Newport News, VA) / S. 56: Magellans Schiff Victoria, Detailausschnitt einer Ortelius-Karte (um 1590) / S. 72: Signatur von James Cook; Wikipedia, Freie Enzyklopädie / S. 94: La Pérouse (Porträt); Thomas Woolnoth (1785–1836), La Pérouse Collection NK1671; Pictorial Collection-S8248 / S. 99: Kunz von der Rosen (Porträt); Urheber: Daniel Hopfer (* 1470, † 1536) / S. 101: Stadtwappen von Marienhafe (Niedersachsen, Deutschland) / S. 107: Berberpirat; Zeichnung von Jörg Pommer; Foto: schroeder-bcc; Quelle: Internationales Maritimes Museum Hamburg (IMMH), 2010 / S. 109: Skizze einer arabischen Dau (Schebecke); Quelle: »Allgemeines Wörterbuch der Marine, Band 4, Abbildungsband mit 140 Kupferstichen«, Johann Hinrich Röding, Leipzig, 1798 / S. 119: Hafenanlage von San Juan de Ulúa; Wikipedia, Freie Enzyklopädie; Urheber-Rechteinhaber: unbekannt / S. 124: Francis Drake mit Wappen; Wikipedia, Freie Enzyklopädie; Urheber-Rechteinhaber: unbekannt / S. 125: Die Cacafuego (Zeichnung); Wikipedia, Freie Enzyklopädie; Urheber-Rechteinhaber: unbekannt / S. 127: Hafenanlage von Cadiz (Zeichnung): Wikipedia, Freie Enzyklopädie, von William Borough 1587 / S. 130: Piet Heyn (Porträt); Kopie nach einem verlorenen Original von Jan Daemen Cool von 1625 / S. 132: »Schatzinsel« (Stahlstich); Illustration von Georges Roux für die Ausgabe »Die Schatzinsel« von 1885 / S. 132: Heyn-Familienwappen; Wikipedia, Freie Enzyklopädie; Urheber-Rechteinhaber: unbekannt / S. 146: William Kidd am Galgen; Zeichnung von Jörg Pommer; Foto: schroeder-bcc; Quelle: IMMH, 2010 / S. 148, Standbild von »Blackbeard«; Zeichnung von Jörg Pommer; Foto: schroeder-bcc; Quelle: IMMH, 2010 / S. 154: Die Whydah (Stahlstich); Quelle: North Carolina Department of Cultural Resources / S. 156: Karte mit Lage der Whydah vor Cape Cod (Zeichnung); Quelle: www.atochagold.com / S. 159: Piratenflagge; Quelle: © 2008 GUN-Lizenz für freie Dokumentation Manuel Strehl / S. 160: Standbild von Mary Read; Zeichnung von Jörg Pommer; Foto: schroeder-bcc; Quelle: IMMH, 2010 / S. 165: Überfall auf Guayaquil (Zeichnung); Quelle: Courtesy of National Maritime Museum (1765) / Seiten 10, 19, 23, 28, 33, 38, 43, 48, 53, 58, 66, 71, 92, 98, 104, 111, 116, 122, 129, 136, 140, 147, 152, 157, 163, 170, 177: maritime Schmuckelemente und historische Seekarte über fotolia.de / Seiten 12, 20, 25, 31, 41, 45, 50, 55, 61, 62, 68, 69, 91, 96, 102, 106, 113, 121, 125, 134, 138, 143, 150, 155, 158, 167, 173, 179: Seekarten; Quelle: Grafisches Atelier Lothar Siems, Vechelde.

Bildnachweis (Farbbildteil und Umschlag):

S. 73 oben: Wikinger-Langschiff (Schiffsmodell); Foto: schroeder-bcc, Quelle: Internationales Maritimes Museum Hamburg (IMMH), 2010 / S. 73: chinesisches Transportschiff (Schiffsmodell); Foto: schroeder-bcc; Quelle: IMMH, 2010 / S. 74: sieben Porträtbüsten (Bronze) von Ulrich Rölfing; Fotos: Ulrich Rölfing; Quelle: IMMH, 2010 / S. 76 oben links: Heinrich der Seefahrer (Porträt); aus dem Polytriptych der St. Vincent im National Museum für alte Kunst, Lissabon / S. 76 oben rechts: Kolumbus (Porträt), Wikipedia, Freie Enzyklopädie; Urheber: Sebastiano del Piombo (1485–1547) / S. 76 unten: Kolumbus-Weltkarte; Quelle: Bibliotheque Nationale de France, 16. Jh. / S. 77, oben: das »Ei des Cabral«; Foto: schroeder-bcc / S. 77 unten: Küste von Santa Cruz Cabrália; Foto: schroeder-bcc / S. 78 oben links: Jacques Cartier (Porträt); Wikipedia, Freie Enzyklopädie, Porträt von Théophile Hamel (1817–1870) / S. 78, oben rechts: Vasco da Gama (Porträt); Urheber: Gregório Lopes (um 1524) / S. 78, unten: Calicut; aus Georg Braun und Franz Hogenber´s »Atlas Civitates Orbis Terrarum« (1575) / S. 79, James Cook (Porträt); Wikipedia, Freie Enzyklopädie; Urheber: Nathaniel Dance (1775) / S. 80/81: Weltkarte von Martin Waldseemüller (1507); Quelle: Library of Congress / S. 82: die Resolution und die Adventure vor Anker in Tahiti (Gemälde); Wikipedia, Freie Enzyklopädie, Urheber: William Hodges (1776) / S. 83: La Pérouse und der König (Gemälde); Wikipedia, Freie Enzyklopädie; Urheber: Nicolas André Monsiau, 18. Jh. / S. 84: Manhattan 1931 (s/w-Fotografie); Quelle: U.S. National Archiv; Urheber: unbekannt / S. 85: Störtebeker-Schädel (Reproduktion); Foto: schroeder-bcc; Quelle: IMMH, 2010 / S. 86 oben links: Piet Heyn (Porträt), Kopie nach einem verlorenen Original von Jan Daemen Cool (1625) / S. 86 oben rechts: Andrea Doria (Porträt); Foto: schroeder-bcc; Quelle: IMMH, 2010 / S. 86 unten links: Jean Lafitte (Porträt); Wikipedia, Freie Enzyklopädie; Urheber: unbekannt, 18. Jh. / S. 86 unten rechts: Woodes Rogers und Familie (Gemälde); Wikipedia, Freie Enzyklopädie; Urheber: William Hogarth (1729) / S. 87: Süleyman der Prächtige (Porträt); Wikipedia, Freie Enzyklopädie; Urheber: Titian (um 1530) / S. 88: die Jesus von Lübeck (Farbbild); Wikipedia, Freie Enzyklopädie; Urheber: Anthony Anthony (um 1546) / Umschlagklappe (U2): Porträt von N. Vörding; Foto: Marek Kruszewski, Braunschweig; Porträt von A. Weber; Foto: Jonas Weber, Braunschweig / Titelbild: © Freesurf - Fotolia.com.